布花圖鑑

Veriteco

前言

從東京移居到香川縣的豐島，已約莫一年的時間。
當我開始島嶼生活，作息於大自然中，
漸漸地學會了藉由綻放的花朵種類感受季節更迭。

自然地萌芽、綻放的花，
島嶼婦女們播種，並且細心栽種的花，
我時而拈花細細端詳，沉迷於那色彩的層疊與造型之美。

將瓶插一段時間後趨近枯萎的花解體，
並觀察結構＆作出紙型；
一再重複這樣的工作，
再配合上在東京時的構思，
大量的布花配方就這樣誕生了！

請享受以草木染的方式將白布渲染出自己專屬色彩的樂趣吧！
本書作品將以六種染色素材創造許多顏色，
即便以相同素材染色，也會因布料和當下的條件而不同，
因此染色是無標準公式的。

我想要染出的顏色也並非鮮豔綻放的花色，
而是近乎於努力撐到凋零之前的最後色彩——
彷若持續褪去般的色彩不是更能讓人感受花的無常之美嗎？

在製作布花的同時，也能體驗平面立體化的樂趣。
任何躺在某處的小小布料，都可能搖身一變成為花朵哩！

匯集以上的創作想法，本書以花卉圖鑑的方式介紹共計20種的布花作品。
請盡情享受製作＆蒐集小小布花，裝飾＆穿戴在身上的樂趣吧！

CONTENTS

P.08　繡球花　　　How to make >>> P.49

P.09　翠菊　　　　How to make >>> P.50

P.10　橄欖　　　　How to make >>> P.51

P.11　滿天星　　　How to make >>> P.52

P.12　洋甘菊　　　How to make >>> P.53

P.13　波斯菊　　　How to make >>> P.54

P.14　百日草　　　How to make >>> P.55

P.15　香豌豆　　　How to make >>> P.56

P.16　水仙　　　　How to make >>> P.58

P.17　三色菫　　　How to make >>> P.59

P.18　千日紅　　　How to make >>> P.60

P.19　洋桔梗　　　How to make >>> P.61

P.20　油菜花　　　How to make >>> P.62

P.21　薔薇　　　　How to make >>> P.63

P.22　火龍果　　　How to make >>> P.64

P.23　素心蘭　　　How to make >>> P.65

P.24　法國萬壽菊　How to make >>> P.66

P.25　矢車菊　　　How to make >>> P.67

P.26　尤加利　　　How to make >>> P.68

P.27　紫丁香　　　How to make >>> P.69

項鍊

1　藍色花項鍊 P.28
　　How to make >>> P.72

2　採花項鍊 P.28
　　How to make >>> P.73

髮飾

3　百日草髮圈 P.29
　　How to make >>>P.77

4　絨布緞帶髮夾 P.29
　　How to make >>>P.74

胸花

5　小花束胸花 P.30
　　How to make >>>P.75

6　尤加利花圈胸花 P.30
　　How to make >>>P.76

針式&夾式耳環

7　波斯菊針式耳環 P.31
　　How to make >>>P.78

8　翠菊 × 火龍果針式耳環 P.31
　　How to make >>>P.78

9　水仙花針式耳環 P.31
　　How to make >>>P.79

10　紫丁香 × 滿天星夾式耳環 P.31
　　How to make >>>P.79

11　素心蘭針式耳環 P.31
　　How to make >>>P.77

基本作法

P.32　基本材料&工具

P.34　染布流程

　　　P.35　事前處理・萃取・染色

　　　P.36　媒染

　　　P.37　上漿

P.38　色樣

P.39　繡球花的作法

P.42　作法重點

P.48　基本飾品配件

布花圖鑑

伴隨著主題草花的特徵＆花語解說，

本單元將為你介紹20種

——精心製作的布花。

【繡球花】 How to make ≫ P.49

為陰鬱的梅雨季節增添色彩的繡球花。
由於會隨著土壤酸鹼值改變花色,代
表花語是「三心二意」。製成乾燥花之
後,恰到好處的褪色效果完美地渲染出
古典氛圍。

【翠菊】

How to make >> P.50

夏秋兩季開花的菊科草花，別名「蝦夷菊」。不同的花色有不同的花語，但共同的花語是「變化」&「追憶」。據說摘花瓣占卜「喜歡、討厭」的原型就是以此花進行的。

【橄欖】

How to make » P.51

說到橄欖，最熟悉的印象不外是橄欖油或鹽漬圓形果實，但它在初夏可是會綻放米粒般的小白花唷！代表花語是出自舊約聖經的「和平」，以及來自希臘神話中的「智慧」&「勝利」。

【滿天星】

How to make >> P.52

細枝上開滿小白花的滿天星。開花期是5至7月,以花束配角的印象深植人心。
由於不會太醒目,能夠襯托其他的花,因此有「純潔的心」、「親切」、「無邪」等花語。

【洋甘菊】 How to make ≫ P.53

菊科屬於一年生草本植物。在各種洋甘菊中，
選擇了在香草中極受喜愛的德洋甘菊作為此布
花的主題。與樸實的外觀相反，代表性花語是
「不畏逆境」&「不怕艱難」。

【波斯菊】 How to make » P.54

正如同其日文漢字「秋櫻」一般，波斯菊是大家所熟悉的秋季景色。擁有與花色無關，被冠上「協調」、「謙虛」、「少女的真心」等別具深意的花語。在此以具有野性魅力的黃花波斯菊為主題。

【百日草】

How to make >>> P.55

由於從初夏到深秋長時間的綻放，而被命名為百日草。「思念別離的友人」、「思念遙遠的友人」、「不要鬆懈」等花語，皆源自於它漫長的開花期。

【 香豌豆 】

How to make >>> P.56

市面常見春季開花的香豌豆。其名稱即意指氣味香甜的豆科植物。由於花形如起飛中的蝴蝶，因此代表性花語是「啟程」&「別離」。

【水仙】 How to make ≫ P.58

筆直延伸的花莖盛開著喇叭形花朵
的水仙。自古至今就以宣告春日到來
的草花為眾人所熟悉。代表花語「自
戀」──據說是源自於希臘神話中
的美少年「納西瑟斯」。

【三色堇】

How to make >>> P.59

自然生長於山野或路邊的多年生草本植物。據說這種花的日文名（スミレ）是來自其如同墨壺（墨入れ）般的花形。代表花語是「謙虛」、「誠實」、「小小的幸福」。雖然不同種類的開花時節各有不同，3至5月為最佳賞花期。

【千日紅】 How to make >> P.60

春季到秋季開花的一年生草本植物。本身的含水量少，適合製作乾燥花。代表花語「永不褪色的愛」＆「不朽」，即源自於其漫長的開花期＆乾燥後也不會褪色的花色。

【洋桔梗】 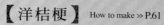 How to make >> P.61

雖然又名為「土耳其桔梗」，但原生地卻不是土耳其，
而是北美洲。常被誤解為桔梗科，卻是屬於龍膽科植
物。代表花語是「優美」＆「希望」。雖因品種而異，
但賞花期約為春季至夏季。

【油菜花】 How to make ≫ P.62

由冬至春，綻放鮮豔黃花的油菜花。
日文名「菜の花」，菜指的是「葉
菜」，有食用花的意思。花語「爽
朗」、「活潑」等，皆取自於油菜花明
亮的印象。

【 薔薇 】

How to make >>> P.63

薔薇象徵愛與美。據說種類有三、四萬種，目前也正在持續增加中。薔薇共通的代表花語是「愛」&「美」，但依據顏色、數量以及搭配方式的不同，也有不同的意思，就連薔薇花蕾也有獨特的花語呢！

【火龍果】 How to make ≫ P.64

秋季時結出的紅色果實常被應用於花束中，
到了夏季則會開出色彩鮮豔的黃花。代表花
語是「不再悲傷」、「閃耀」、「停止悲傷」
等正向能量的詞彙。

【素心蘭】 How to make ≫ P.65

秋季時種下球根，春天就會開出白、黃、紅、紫色花朵的球根植物。和名是
「淺黃水仙」。與色彩無關，最著名的花語是「期待」。黃色素心蘭則被賦予
了「無邪」的花語。

【法國萬壽菊】 How to make ≫ P.66

夏秋兩季開花的法國萬壽菊,英文名字的意思是「聖母瑪莉亞的金黃之花」。雖然花語是「嫉妒」、「絕望」、「哀愁」,但黃花代表著「可愛的愛情」,橘花也意味著「真心」的意思。

【矢車菊】

How to make >>> P.67

春夏兩季盛開各色花朵的矢車菊,由於很像鯉魚旗柱尖端迎風吹轉的風車,
因而得名。「纖細」、「優雅」、「優美」等花語據說是來自於它細長的藍色
花瓣。

【尤加利】

How to make >>> P.68

主要分布於澳洲的常綠喬木。尤加利有各種功效，常被作成香草茶和
精油使用。作為乾燥花＆壁掛花束等室內布置也很受歡迎。

【紫丁香】 How to make » P.69

在四、五月之間，小花叢聚開花的紫丁香。散
發著常被取用作為香水原料的甜美香氣。代表
花語有「回憶」、「友情」等。紫色紫丁香的
花語則是「初戀」。

1　藍色花項鍊　How to make ≫ P.72
2　採花項鍊　How to make ≫ P.73

2

1

項鍊

優雅不過分甜美的藍花項鍊，以及像是以緞帶串起原野採下
花朵的採花項鍊。任挑一款皆能以古典氛圍將胸前點綴出成
熟風情。

髮飾

簡單裝飾上以扶桑花染色的百日草髮圈。以黑
豆染色的絨布緞帶髮夾，則搭配火龍果＆尤加
利增添亮點。

3

4

3　百日草髮圈　How to make ≫ P.77
4　絨布緞帶髮夾　How to make ≫ P.74

29

5 小花束胸花

How to make ≫ P.75

6 尤加利花圈胸花

How to make ≫ P.76

胸花

小小的花束胸花上綁著洋蔥染色的緞帶。尤加利花圈胸花
則是以尤加利為底，搭配上三色堇、洋桔梗、千日紅。

針式＆夾式耳環

將布花的魅力發揮到極致的眾多針式＆夾式耳環。
無論休閒或盛裝皆適用。由於是輕盈布花，配戴時
也不怕造成耳朵的負擔。

7 波斯菊針式耳環

How to make ≫ P.78

8 翠菊×
火龍果針式耳環

How to make ≫ P.78

9 水仙花
針式耳環

How to make ≫ P.79

10 紫丁香×
滿天星夾式耳環

How to make ≫ P.79

11 素心蘭
針式耳環

How to make ≫ P.77

基本作法

本單元將介紹製作布花所需的基本材料＆工具。
鍋子或盆子等染布時所使用的工具，就算不特地採購，
直接取用廚房既有的器皿也很足夠了。

基本材料＆工具

毛氈布

將羊毛加工成片狀的不織布。布邊不會脫線，且由於是動物性纖維，因此不用事前處理也可以染色。

棉質絨布

短毛絨面織物，日文又稱作別珍。藉由染色可展現色彩深度，使成品的樣貌更加豐富。

床單布（sheeting）

輕薄的平織材質，常用於裁縫打樣的平價布料。織紋略粗，帶有質樸的感覺。

雪紡棉布

具有薄透感的平織布料。與同樣具有透光性的歐根紗相比，更加柔軟且具有垂墜性。

毛線

中細羊毛毛線。本書用於製作火龍果的果實。屬於化纖毛線，因此無法以香草染色。

毛球蕾絲

帶有粒狀裝飾的棉質蕾絲。本書用於製作波斯菊＆法國萬壽菊的花蕊。

拉雪兒蕾絲（Raschel Lace）

以機械編織成透明感織紋感的蕾絲。本書中將邊緣部分剪下，用於製作滿天星的花朵。

絨緞帶

兩面皆為絨面的緞帶，日文又稱為別珍緞帶。本書用於製作髮夾＆花束胸花。

鐵絲

用於製作花蕊＆莖部的花藝用鐵絲。本書使用包覆著綠紙的綠鐵絲。

人造蕊

作為雄蕊或雌蕊的人造花材料。由於色彩＆形狀種類豐富，可依製作的花朵搭配選擇。

扶桑花

將扶桑花朵乾燥後製成的乾燥香草。萃取液呈深紅色，經過媒染後會變成粉紅色或紫色系。

瑪黛茶

瑪黛茶分為烘焙瑪黛茶（咖啡色）＆瑪黛綠茶（綠色），本書使用瑪黛綠茶。

迷迭香

將迷迭香乾燥後的乾燥香料。萃取液為琥珀色，經過媒染後會變成黃色或咖啡色。

洋蔥皮

用於染色的洋蔥皮。以鍋子熬煮出萃取液後，將篩網鋪上廚房紙巾進行過濾後使用。

黑豆

將熬煮黑豆時的湯汁當成染料使用。萃取液為深黑色，經過媒染後會變成帶有藍色的灰系色彩。

即溶咖啡

將即溶咖啡泡濃一點作為染料使用，藉由媒染可呈現出古典質感。

豆漿

事前處理時使用，可使布料更容易染色。以牛奶替代也OK，但需注意氣味殘留的問題。

明礬

用於將染好的布料進行媒染（定色＆顯色）。可於超市醃菜專區或藥局購買。

小蘇打

用於製作鹼性的萃取液。在中性萃取液中加入小蘇打就會變成鹼性。

木醋酸鐵＆銅媒染劑

用於將染好的布料進行鐵媒染或銅媒染（定色＆顯色）的媒染劑。可於染料專賣店購得。

鍋子

用於熬煮染色材料。為防止變色或染色，建議使用不鏽鋼、琺瑯、玻璃製品。

調理盆

用於染布的事前處理，洗滌＆媒染等。和鍋子一樣建議選擇不鏽鋼、琺瑯、玻璃製品。

調理盤

製作上漿用白膠液＆進行塗抹時使用。置放暫時取出的染色布料時也很方便。

茶袋

用於熬煮染布材料。只要將材料放入茶袋中，萃取後即可省下過濾的手續，十分方便。

料理長筷

用於攪拌浸泡在萃取液中的布料＆方便夾取布料。使用免洗筷也OK。

秤

料理用，建議使用最小計量單位1g的電子秤。用於測量染料＆媒染材料。

量杯

用於測量水＆媒染液。由於明礬需以熱水溶解，因此建議使用耐熱材質製品。

量匙

用於測量小蘇打，1大匙小蘇打約為10g。如果手邊沒有量匙，以秤來測量也OK。

刷子＆水彩筆

刷子用於將染好的布料上漿，水彩筆則用於將人造蕊塗上萃取液。

報紙

為染好的布料上漿時，鋪墊於下方。但若塗上白膠液後直接置之不理，會有染色問題，請特別注意。

捲尺

用於測量布料或緞帶分量，以及作法中指定的尺寸。以量尺替代也OK。

白膠

布料用或木工用白膠皆可，用於製作白膠液（將染好的布料進行上漿的液體）。

飾品膠

黏合珠子或金屬配件的專用膠。本書用於接黏棉珍珠＆耳環配件。

牙籤

在細部塗抹白膠時，以牙籤尖端沾取白膠塗抹，即可乾淨漂亮地完成。

錐子

用於在花瓣上截洞以便穿入鐵絲，或在葉片布料上畫出葉脈等細緻的步驟。

手縫線＆手縫針

手縫用的針線。本書用於縫合花瓣＆將布花縫合固定於髮夾配件上。

25號繡線

粗細度25號的刺繡用線。使用時將線從線束中1股股地抽出。本書是將白線染色後再使用。

鉗子

以單圈連接布花＆金屬配件時使用。連接單圈時需使用兩把鉗子。

鋸齒剪刀

刀刃呈鋸齒狀的布用剪刀。本書用於將花瓣或葉片剪成鋸齒狀。

剪刀

用於剪布或剪線的剪刀。剪牙口時，若有鋒利的小剪刀會很方便。

染布流程

從事前處理到乾燥為止的染布流程。
本書是以中性＆鹼性染劑進行染色。
若染好後顏色較淡，就重複進行染色＆媒染，直到染出想要的顏色吧！

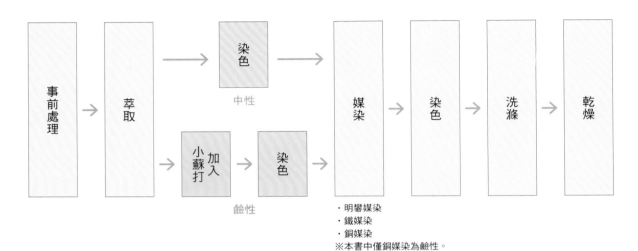

事前處理 → 萃取 → 染色（中性）→ → 媒染 → 染色 → 洗滌 → 乾燥

加入小蘇打（鹼性）→ 染色 →

・明礬媒染
・鐵媒染
・銅媒染
※本書中僅銅媒染為鹼性。

無染色的布花
宛如胚衣（粗縫的洋裁樣
品）般的純白布花。即便不
染色，直接活用材料的質感
也能充分享受樂趣。

事前處理

與絹絲及毛線等動物性纖維相比，棉麻等植物性纖維有較難染色的特性。雖然沒有事前處理也可以染色，但藉由豆漿讓蛋白質附著在纖維上，可使得染色更容易，也容易顯色。

1 以中性洗劑洗滌布料，去除髒污＆布漿。接著在調理盆中倒入常溫豆漿，放入布料浸泡，使豆漿完全浸透整塊布料，放置1小時左右。

※若有使用蕾絲，也請在此步驟一同進行事前處理。

2 取出布料輕輕扭轉，暫時晾乾。再將清水倒入盆中，輕柔洗滌晾乾的布料後，用力扭乾。事前處理完成。

萃取

以染色材料熬煮出的液體稱為萃取液。使用鋁鍋或銅鍋會有變色的情況發生，因此建議使用琺瑯或不鏽鋼鍋進行萃取。此示範作法為熬煮扶桑花，製作萃取液。

1 每500㎖的水使用10g（2％）扶桑花。（亦可參考以下建議配方比例，變換染色材料：瑪黛茶・迷迭香・洋蔥10g〔2％〕，黑豆100g〔20％〕，咖啡5g〔1％〕）。

2 將裝有扶桑花的茶袋放入滾水中。轉小火，熬煮15分鐘，完成萃取液。

染色

以萃取液進行染布。即便使用相同液體配方，也會因香草種類或布料材質、水質而有各種染色方式。若僅進行染色（不作定色）也能完成染布，但顏色會隨著時間褪色。

1 在小火加熱萃取液的狀態下，直接放入布料。

2 以料理長筷不時攪拌，熬煮15至20分鐘後關火，冷卻至常溫為止。

媒染

◆中性（扶桑花）

染色
依P.35作法步驟
進行染色。

取出布料
從鍋中取出布
料，輕輕扭乾水
分。

製 作 媒 染 液

明礬
取500㎖水，
加入5g明礬。

鐵
取500㎖水，
加入5g木醋酸鐵。

銅
取500㎖水，
加入5g銅媒染液。

◆鹼性（瑪黛茶）

加入小蘇打
依P.35作法製作萃取
液，再加入1大匙小蘇
打。

染色
依P.35作法步驟進行
染色。

取出布料
從鍋中取出布料，輕
輕扭乾水分。

製作媒染液（銅）
取500㎖水，加入5g
銅媒染液。

浸泡於媒染液中	浸泡15至20分鐘後，取出布料輕輕扭乾。
染色	放回萃取液中加熱，沸騰後熄火，冷卻至常溫為止。
洗滌	從鍋中取出，放入盆中以水清洗。
乾燥	若覺得染好的顏色太淡，乾燥後可再重複染色。

染色完成

明礬媒染出的顏色是粉紅
略帶灰色，鐵媒染是灰色略
顯粉紅色，銅媒染則是灰色
略帶淡粉色。

鹼性萃取的銅媒染染出的
顏色是卡其綠。

上漿

染布完成之後，為了防止布邊脫線＆使花瓣容易塑型，因此需要上漿並將布料吊掛晾乾。但由於白膠液容易沉積在下方，因此在晾乾的過程中，需不時地上下倒掛。

1 將白膠以5倍以上分量的熱水溶解，製成白膠液，並以刷子混合均勻。

2 白膠液冷卻後，以刷子塗滿布料，吊掛晾乾。

染色完成後的比較（洋蔥）

因媒染的方式產生不同的染色效果。
在此以色差明顯的洋蔥來比較染色效果的差異。

中性
（明礬媒染）
染出接近橘色的黃色。

中性
（鐵媒染）
染出接近卡其色的咖啡色。

中性
（銅媒染）
染出帶有紅色的咖啡色。

鹼性
（小蘇打）
染出接近米色的粉紅色。

色樣

在此附上以本書作品使用布料為主的成品色樣，以供實際染色時對照檢視。
以下僅為最終完成時的參考色樣，各階段的顏色變化請透過親自實作體驗吧！

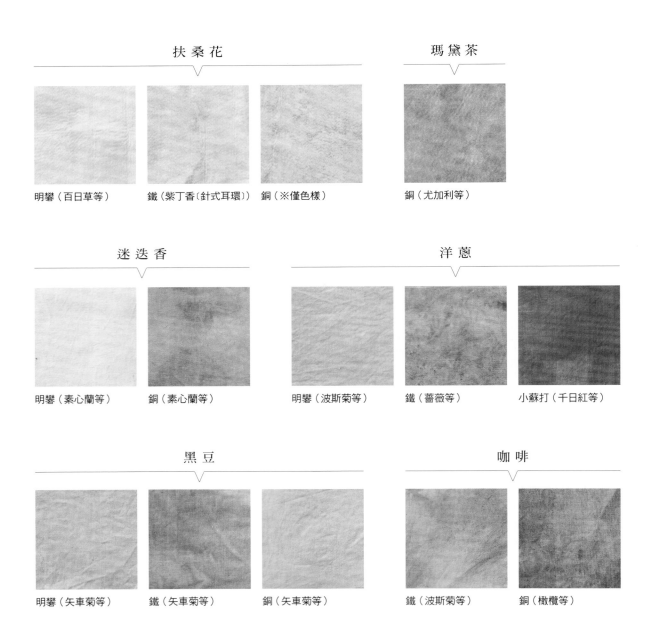

扶桑花

明礬（百日草等）　　　鐵（紫丁香〔針式耳環〕）　　銅（※僅色樣）

瑪黛茶

銅（尤加利等）

迷迭香

明礬（素心蘭等）　　　銅（素心蘭等）

洋蔥

明礬（波斯菊等）　　　鐵（薔薇等）　　　小蘇打（千日紅等）

黑豆

明礬（矢車菊等）　　　鐵（矢車菊等）　　　銅（矢車菊等）

咖啡

鐵（波斯菊等）　　　銅（橄欖等）

繡球花的作法

準備進入布花基礎教作囉！以下為繡球花（粉紅色系）的示範作法。
無論是鐵絲的用法、花朵的組合、莖布的捲法……
繡球花的作法囊括了所有布花的共通技巧。

以黑豆染色的小花瓣，叢聚而成的繡球花。一邊以手塑型花瓣一邊進行製作，呈現出宛如乾燥花般的深遠風味。

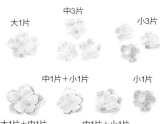

中3片
大1片
小3片

中1片+小1片
小1片

大1片+中1片
中1片+小1片

1 依P.35至P.37的作法進行染布（材料＆工具參見P.32至P.33）。

2 以水彩筆將人造花蕊整體塗上黑豆萃取液。由於易溶於水，需特別注意。

3 依紙型裁剪黑豆染色的布料，並如圖所示重疊配置。

4 在重疊花瓣的狀態下，以錐子於中心處穿孔。

5 對摺人造花蕊作為花蕊，穿入洞中。

6 以牙籤在人造花蕊根部塗上少許白膠。

7 以手指捏起花朵根部，進行塑型。

8 靜置乾燥。

9 以步驟4至8相同作法製作4朵花。

39

10 將鐵絲穿過人造花蕊對摺的環狀部份。

11 對摺鐵絲,並自摺起處將鐵絲扭轉收合3cm左右。

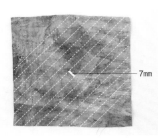

7mm

12 將布料剪成正方形,以7mm寬等距地畫出斜線(傾角45°),再以剪刀剪下,作出總計1m左右的莖布。

13 在莖布一端塗上白膠,捲繞步驟11的人造花蕊處。

14 將莖布逐段塗上少許白膠,螺旋狀纏繞鐵絲。

15 纏繞5cm後,剪去多餘莖布,等待乾燥。

16 以步驟3至15相同作法共製作6枝花。

17 將步驟16以2枝為1組,以塗上白膠的莖布捲起,共製作3組。

18 將以瑪黛茶染色的布料對摺,畫上略大於紙型的輪廓線。

19 以鋸齒剪刀沿著輪廓線剪下。

20 在兩片布料重疊的狀態下，以鋸齒剪刀再次修剪邊緣，作出更細密的鋸齒輪廓。

21 將一片葉子塗上白膠，對摺長邊＆放上鐵絲，再放上另一片葉子。

22 白膠乾燥後，下方墊上具緩衝性的布料或切割墊，以錐子描出葉脈。

23 描畫出間距5mm的葉脈紋路。

24 將步驟17的花聚集成1束，以塗上白膠的莖布纏繞固定。

25 莖布纏繞約1cm左右時，加入步驟23的葉子一同捲入。

26 捲至鐵絲末端後，剪去多餘的莖布。

27 以塗上白膠的莖布將花莖纏繞上胸針，再彎曲花莖＆以手調整整體造型，完成！

作法重點

請在此熟練各種製作布花不可或缺的祕訣 & 技巧。
使用毛氈布時，只要在修剪後稍微以手揉搓，切口就會變得圓潤，產生柔和的感覺。

◉ 翠菊

1 將以鋸齒剪刀裁剪的花瓣再次以鋸齒剪刀修剪成細小的鋸齒，並在V字下凹處剪牙口。

2 以對摺的鐵絲勾夾毛球蕾絲一端，再將毛球蕾絲塗上白膠，捲繞於鐵絲上作成花蕊。

3 一邊塗上少量白膠，一邊將花瓣捲附於花蕊上。再以錐子在花萼中心處穿孔，穿入鐵絲 & 以白膠黏合。

◉ 橄欖

1 以錐子在花瓣的中心處穿孔，再穿入對摺的人造花蕊 & 以白膠黏貼固定。

2 一邊交錯加入花 & 人造花蕊，一邊以塗上白膠的莖布捲繞成束。

3 以2片葉子布包夾鐵絲（參見P.41‧步驟21），製作葉子。再從頂端葉子起，以塗上白膠的莖布將10片葉子捲成1枝。

◉ 滿天星

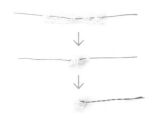 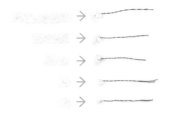 

1 以鐵絲上下交替穿過蕾絲，再將蕾絲聚集於中央後對摺鐵絲，扭轉3cm左右。

2 製作5枝不同尺寸的花。

3 以不同高度錯開5枝單花，聚集成1束後，以鐵絲捲繞固定，再以塗上白膠的莖布纏繞3cm左右。

洋甘菊

1 以鋸齒剪刀將花瓣剪出鋸齒狀（參見 P.42翠菊）＆剪牙口。

2 將縫線穿入縫針後打結，平針細縫花瓣，再緊密地抽拉縫線作成圈狀＆打結固定。

3 以塗上白膠的莖布纏繞對摺的鐵絲，再以白膠貼上以錐子穿孔的毛球，並穿入花瓣貼合。

波斯菊

1 將毛球蕾絲捲在對摺後的鐵絲上（參見P.42翠菊），再捲上花蕊用布。

2 依紙型裁剪花瓣，並以錐子在中心處穿孔＆作出紋路。（參見P.41・步驟22）。

3 在花萼的尖端塗上少許白膠，以手指捏成尖形。

百日草

1 對摺人造花蕊，並以對摺的鐵絲在距離下端1cm左右處扭轉固定，作成花蕊。

2 將花瓣B塗上白膠，放上剪成小段的繡線。再以錐子在花瓣中心處穿孔，由小花瓣開始依序穿入花蕊。

3 平針細縫花蕊用布後，拉緊縫線縮皺成球狀。再平壓展開人造花蕊，黏貼上圓球狀的花蕊用布。

香豌豆

1 將花瓣A‧B‧C的裁切邊緣以手指輕揉出捲邊。

2 對摺花瓣D，夾入對摺的鐵絲後，以白膠黏合。

3 在花瓣根部塗上白膠，自小花瓣起，依序交錯黏貼花瓣。

水仙花

1 對摺＆扭轉鐵絲，在對摺處作出一個小圓圈。並以錐子在花瓣中心處穿孔。

2 自小花瓣起，依序穿入鐵絲＆白膠黏合。

3 將莖布塗上白膠，以三摺邊的方式黏貼包覆鐵絲。

三色菫

1 扭轉對摺的鐵絲固定人造花蕊，作成花蕊。再以塗抹白膠的莖布纏繞鐵絲至末端。

2 將花瓣塗上白膠，黏貼於花莖上。

3 展開花瓣，調整形狀。

千日紅

1　將剪好牙口的花瓣塗上白膠，一瓣瓣地黏貼上剪成小段的2股繡線。

2　以塗上白膠的毛球蕾絲捲繞對摺的鐵絲，再以相同作法捲上花蕊用布。製作較大的花朵時，則需繼續捲上花蕊基底布。

3　以塗上白膠的花瓣由上往下捲繞花蕊。

洋桔梗

1　對摺人造花蕊，並以鐵絲固定製成花蕊（參見P.43百日草）。再將花瓣根部塗上白膠，圍合花蕊。

2　將各花瓣交互錯開1cm左右黏貼。

3　將鐵絲穿入塗上白膠的花萼，並以指尖捏合塑型。

油菜花

1　將鐵絲捲上寬8mm的毛球蕾絲，再捲上寬1cm的毛球蕾絲，製作花蕊。

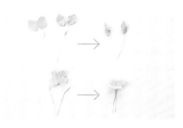

2　將對摺的人造花蕊黏上塗有白膠的花蕾用布，再以錐子在花瓣上穿孔，穿入＆黏合人造花蕊。

3　依花蕊→花蕾→小花→大花的順序，一邊以塗上白膠的莖布捲繞固定，一邊組合成圓形花束狀。

薔薇

1 分別對摺每片花瓣後，交錯重疊＆縮縫根部（參見P.43洋甘菊）。以相同作法製作不同尺寸的花。

2 製作花蕊（參見P.43百日草）後，將2朵花穿過鐵絲，分別以白膠黏貼固定，再剪去人造花蕊根部多餘的部分。

3 外圍花瓣則是將根部塗上白膠，一瓣一瓣地相互錯開黏貼。

火龍果

1 將縫線穿入縫針，以針穿縫木珠進行纏線。纏繞完畢後剪去多餘線段，即完成線球。

2 以錐子在線球上穿孔，插入對摺的鐵絲。

3 以塗上白膠的莖布纏繞鐵絲，並穿入花萼貼合。以相同作法製作7枝，再以3枝1組×1・2枝1組×2的方式分配組合。

素心蘭

1 將花蕾用布塗上白膠，捲覆於對摺的鐵絲前端，再將花萼塗上白膠黏貼於花蕾上。

2 以人造花蕊＆鐵絲作出花蕊（參見P.43百日草）後，將花瓣根部塗上白膠圍合花蕊，並黏貼上花萼。

3 以塗上白膠的莖布包捲各3枝的花蕾＆花。

法國萬壽菊

1 以毛球蕾絲捲繞對摺的鐵絲（參見P.42翠菊），並捲上花蕊用布（參見P.43波斯菊）。

2 將各片花瓣對摺後，在根部進行縮縫（參見P.43洋甘菊）。共製作3組尺寸不同的花瓣。

3 將3組花瓣分別穿入花蕊鐵絲＆以白膠黏合。

矢車菊

1 以對摺的鐵絲勾夾剪成小段的繡線，扭轉約3cm進行固定，製成花蕊。

2 將花瓣塗上白膠，左右往中央摺入對合。

3 將對摺的花瓣根部塗上白膠，黏貼於花蕊周圍。

紫丁香

1 以錐子在花瓣中心處穿孔後，穿入對摺的人造花蕊（參見P.39・步驟4至8）。

2 花蕾（小花）布背面相對，穿入人造花蕊。再將花＆花蕾分別以塗上白膠的1cm寬莖布平行包捲3cm左右。

3 共製作2枝小花・3枝中花・2枝大花×3組，2枝小花・2枝中花・1枝大花×3組，3枝中花×3組。

基本飾品配件

以下將介紹將布花製作成飾品所需的配件＆連接單圈的方式。
除了在此介紹的配件之外，也可以自由挑選其他各種色彩＆尺寸的款式喔！

耳環後釦

可將圓盤黏上裝飾配件的
款式，可用於製作後釦式耳
環。

附圓盤針式耳環

可以以白膠黏上布花作品的
針式耳環。

U字針式耳環

勾式的耳環。可以藉由單圈
接連布花作品。

單圈

接連配件的小零件。需以兩
把鉗子輔助開合。

胸針

縫合或黏貼使用。本書應
用作法是以莖布纏繞固定
在作品上。

棉珍珠

以棉花壓縮製成的仿珍
珠。本書使用單孔款式。

髮圈

無接縫髮圈。本書應用作
法是塗上白膠＆黏貼在毛
氈布上。

自動髮夾

縫合或黏貼使用。本書應
用作法是縫合於作品上。

夾式耳環

彈簧式耳環。本書應用作
法是以單圈接連作品。

單圈的使用方式

1 以兩把鉗子夾住單圈。

2 一前一後地拉開，穿入配件後再閉合。

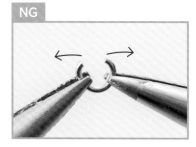

NG

若往左右拉扯打開，不僅無法漂亮地閉合，
也容易弄壞單圈。

繡球花 »P.08

完成尺寸：【粉紅色系】高14.5×寬11cm
　　　　　【苔綠色系】高16×寬12cm

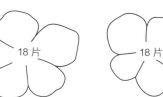

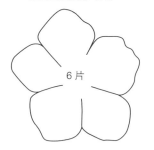

back

✤ 使用的染色材料
【粉紅色系】
・花瓣＆人造花蕊：黑豆明礬媒染
・葉＆莖：鹼性萃取的瑪黛茶銅媒染
【苔綠色系】
・花瓣（20×20cm）＆人造花蕊：扶桑花明礬媒染
・花瓣（20×20cm）＆葉＆莖：鹼性萃取瑪黛茶銅媒染

胸針

✤ 材料
床單布：
【粉紅色系】花瓣／各20×30cm　葉／10×15cm　莖／寬7mm斜布條×1m
【苔綠色系】花瓣／各20×20cm　葉／10×15cm
　　　　　　莖／15×15cm（寬7cm的斜布帶1m）
人造花蕊：【粉紅色系】24根　【苔綠色系】35根
鐵絲（#28）：【粉紅色系】葉・莖／36cm×7根　〔苔綠色系〕葉・莖／36cm×8根
胸針（2.5cm）：1個

✤ 作法

1. 將床單布染色（參見P.34至P.36）。
2. 將床單布上漿（參見P.37）。
3. 依P.39至P.41相同作法製作繡球花。

※苔綠色系繡球花依紙型裁剪花瓣後，不重疊
　花瓣，將每片花瓣都穿入人造花蕊，共製作
　35朵花。再依5朵花為1組，以鐵絲聚集成
　束（花朵顏色的比例可依喜好決定）。其他
　步驟同P.34至P.37。

紙型

粉紅色系花瓣（大）

6片

粉紅色系花瓣（中）

18片

粉紅色系花瓣（小）

18片

苔綠色系花瓣（大）

12片

苔綠色系花瓣（中）

12片

苔綠色系花瓣（小）

11片

繡球花葉

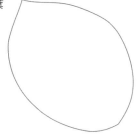

「繡球花葉」請放大200%使用。

翠菊 >> P.09

完成尺寸：高 15.5× 寬 5 cm

❀ 使用的染色材料
- 花瓣（大）：扶桑花明礬媒染
- 花瓣（小）：扶桑花萃取液・無媒染
- 毛球蕾絲：洋蔥明礬媒染
- 花萼＆葉：鹼性萃取瑪黛茶銅媒染
- 莖：咖啡銅媒染

❀ 材料
毛氈布：花瓣／2×10cm・2×12cm
　　　　葉／10×10cm　花萼／10×10cm
床單布：莖／12×12cm（寬7mm斜布條60cm）
毛球蕾絲（寬8mm）：5cm×2條
鐵絲（＃28）：花／36cm×2根　葉／9cm×5根
胸針（2cm）：1個

❀ 作法
1. 將毛氈布＆床單布＆毛球蕾絲染色（參見P.34至P.36）。
2. 依紙型裁剪葉子＆花萼。
3. 剪下花瓣後，剪牙口（參見P.42）。
4. 以手搓揉花瓣＆葉子，使切口呈現圓潤感。
5. 以毛球蕾絲捲繞鐵絲，製作花蕊（參見P.42）。
6. 將花瓣（大）無牙口處逐段地塗上些許白膠，捲繞於花蕊上（參見P.42）。
7. 以錐子在花萼中心處鑽孔，依小→大的順序穿入鐵絲，並以白膠黏貼於花瓣背面。
8. 在葉子背面塗上白膠，貼上鐵絲。
9. 將莖布塗上白膠，一邊加入葉子一邊螺旋狀地捲繞花莖。
10. 以步驟6至9相同作法製作花朵（小）。
11. 將2枝花稍微錯開組合，以塗上白膠的莖布連同胸針一起捲繞固定。再以剪刀剪齊花莖末端，並以手彎摺花莖＆整理形狀，完成！

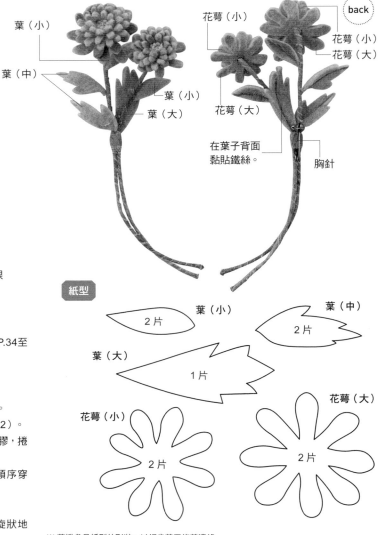

葉（小）
葉（中）
花萼（小）
back
花萼（小）
花萼（大）
葉（小）
葉（大）
花萼（大）
在葉子背面黏貼鐵絲。
胸針

紙型

葉（小）　2片
葉（中）　2片
葉（大）　1片
花萼（小）　2片
花萼（大）　2片

※ 花瓣參見紙型的形狀，以鋸齒剪刀修剪邊緣。

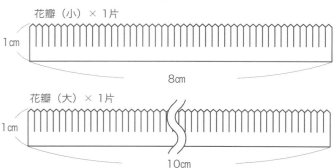

花瓣（小）× 1片
1cm
8cm

花瓣（大）× 1片
1cm
10cm

橄欖 » P.10

完成尺寸：高15×寬10.5cm

✿ 使用的染色材料

• 花瓣：迷迭香明礬媒染
• 葉＆莖：咖啡銅媒染
• 花用人造花蕊：洋蔥萃取液‧無媒染

✿ 材料

毛氈布：花瓣／2×10cm
棉質絨布：葉（正面）／10×15cm
床單布：葉（背面）／10×15cm
　　　　莖／10×10cm（寬7mm斜布條30cm）
人造花蕊：花／7根
人造花蕊（大）：花蕾／5根
鐵絲（＃28）：花／18cm×1根　葉／9cm×9根
　　　　　　頂端葉子用／36cm×1根
胸針（2.5cm）：1個

✿ 作法

1. 將毛氈布＆棉質絨布＆床單布染色（參見P.34至P.36）。
2. 以水彩筆將花用人造花蕊迅速地塗上洋蔥萃取液。
3. 將棉質絨布＆葉用床單布上漿（參見P.37）。
4. 依紙型裁剪花瓣＆葉子（大12片‧中6片‧小2片，葉子正面使用棉質絨布，背面使用床單布）。由於花瓣尺寸較小，若一次裁剪成形較困難，請沿著邊緣慢慢地修剪。
5. 以手搓揉花瓣，使切口呈現圓潤感。
6. 以錐子在花瓣中心處穿孔，再穿入對摺的人造花蕊，並將人造花蕊根部塗上白膠貼合固定（參見P.42）。
7. 將頂端花朵的人造花蕊捲上鐵絲，製作花莖。
8. 將花＆人造花蕊（大）捲上莖布（參見P.42）。
9. 以正＆反面葉子布夾住鐵絲，並以白膠黏合（頂端葉子使用對摺的36cm鐵絲）。
10. 從頂端葉子開始，以塗上白膠的莖布依序捲繞所有葉子（參見P.42）。
11. 結合花＆葉，以莖布捲繞固定。
12. 以塗上白膠的莖布，將步驟11的花莖纏捲上胸針，再以手整理形狀，完成！

人造花蕊（大）花蕾

葉（小）

葉（大）

back

葉（中）

胸針

紙型

葉（大）　12片

葉（小）　2片

葉（中）　6片

花瓣　7片

滿天星 ≫P.11

完成尺寸：高 12× 寬 9.5 ㎝

✤ 使用的染色材料
· 花瓣：咖啡萃取液·無媒染
· 莖：鹼性萃取瑪黛茶的銅媒染

✤ 材料
拉雪兒蕾絲（寬1cm）：花瓣／1m10cm
床單布：莖／15×15cm（寬7mm斜布條1m）
鐵絲（＃30）：花／9cm×45根
　　　　　　　莖／18cm×9根
胸針（2cm）：1個

✤ 作法

1.　將拉雪兒蕾絲＆床單布染色（參見P.34至
　　P.36）。

2.　修剪拉雪兒蕾絲兩端後，裁剪9組：1cm×2
　　條·2cm×1條·3cm×1條·5cm×1條（參見
　　P.42）。

3.　將1組拉雪兒蕾絲分別穿入鐵絲，扭轉製成5朵
　　不同尺寸的單花（參見P.42）。

4.　以5朵單花為1組，共製作9枝（參見P.42）。

5.　再進一步以3枝1組×1·2枝1組×3的方式進行
　　組合。

6.　將步驟5的4枝花略微交互錯開，聚集成束＆以
　　塗上白膠的莖布捲繞固定。

7.　以塗上白膠的莖布將胸針纏繞固定於花莖上，
　　再以手彎摺花莖＆整理形狀，完成！

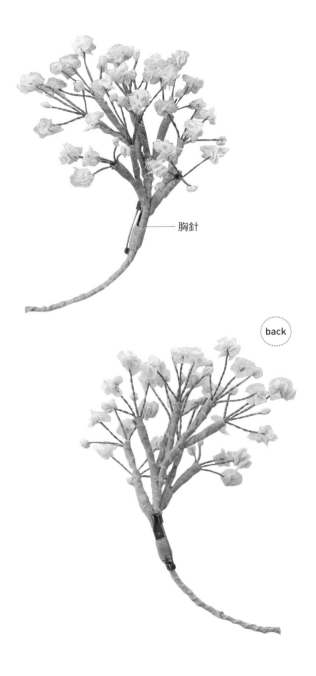

胸針

back

洋甘菊 ≫ P.12

完成尺寸：高12×寬6.5cm

✤ 使用的染色材料
- 花瓣：迷迭香明礬媒染
- 毛球：洋蔥明礬媒染
- 莖：鹼性萃取的瑪黛茶銅媒染

✤ 材料

棉質絨布：花瓣／5×10cm

床單布：莖／15×15cm

　　　　（寬7mm斜布條1m）

毛球（8mm‧10mm）：各4個

鐵絲（＃28）：18cm×8根

胸針（2cm）：1個

✤ 作法

1. 將棉質絨布＆床單布＆毛球染色（參見P.34至P.36）。
2. 將棉質絨布上漿（參見P.37）。
3. 將分段剪下的棉質絨布剪出牙口，製作花瓣（參見P.43）。
4. 將花瓣平針細縫，拉緊縫線縮皺成圓形（參見P.43）。
5. 對摺鐵絲，以莖布捲繞5cm（參見P.43）。
6. 以錐子在毛球上穿孔，以白膠黏貼固定於鐵絲前端（參見P.43）。
7. 將花瓣穿過鐵絲後，以白膠黏貼於毛球底部（參見P.43）。
8. 以步驟7相同作法製作8朵，再以2朵為1枝，以塗上白膠的莖布將捲繞固定，共製作4枝。
9. 接著再以2枝為1組，以塗上白膠的莖布捲繞固定，共製作2組。
10. 將2組集合成束，以塗上白膠的莖布連同胸針一起纏繞固定。再將花莖末端修剪整齊，並以手彎摺花莖＆整理形狀，完成！

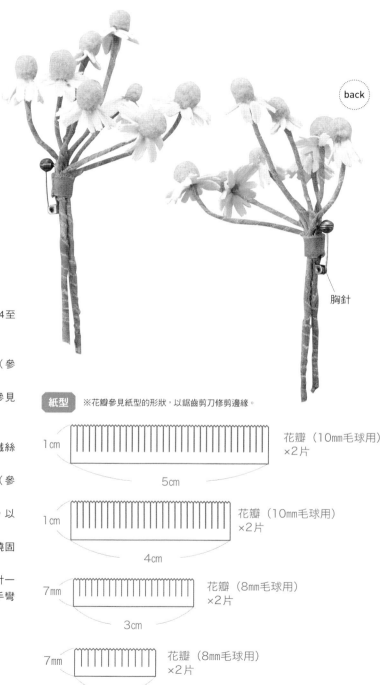

back

胸針

紙型　※花瓣參見紙型的形狀，以鋸齒剪刀修剪邊緣。

1cm　5cm　花瓣（10mm毛球用）×2片

1cm　4cm　花瓣（10mm毛球用）×2片

7mm　3cm　花瓣（8mm毛球用）×2片

7mm　2cm　花瓣（8mm毛球用）×2片

波斯菊 >> P.13

完成尺寸：高 17× 寬 8 cm

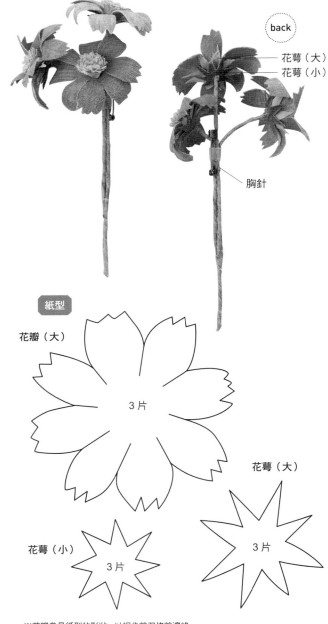

back
— 花萼（大）
— 花萼（小）

胸針

❖ 使用的染色材料

【橘色系】
• 花瓣＆花蕊＆花萼（大）＆毛球蕾絲：洋蔥明礬媒染
• 花萼（小）＆莖：咖啡鐵媒染

【粉紅色系】
• 花瓣＆花萼（大）：扶桑花明礬媒染
• 花蕊＆毛球蕾絲：洋蔥明礬媒染
• 花萼（小）＆莖：咖啡鐵媒染

❖ 材料

棉珍珠：花瓣／15×15cm　花萼（小）／7×7cm
床單布：花蕊／5×10cm　花萼（大）／10×10cm
　　　　　莖／12×12cm（寬7mm斜布條60cm）
毛球蕾絲（寬8mm）：5cm×3條
鐵絲（＃28）：36cm×3根
胸針（2.5cm）：1個

❖ 作法

1. 將棉質絨布＆床單布＆毛球蕾絲染色（參見P.34
   至P.36）。
2. 將棉質絨布＆床單布上漿（參見P.37）。
3. 依紙型裁剪花瓣＆花萼。
4. 剪下花蕊用布＆剪出牙口（參見P.43洋甘菊）。
5. 以毛球蕾絲捲繞鐵絲，作為花粉（參見P.42翠
   菊）。
6. 以塗上白膠的花蕊用布捲繞花粉（參見P.43）。
7. 以錐子在花瓣中心處穿孔，並畫出紋路（參見
   P.43洋甘菊）。
8. 在花萼前端塗上少量白膠，以指尖捏成尖銳狀
   （參見P.43）。
9. 依花瓣→花萼（大）→花萼（小）的順序穿入鐵
   絲，並分別以白膠黏貼固定。
10. 以步驟9相同作法製作3枝花，再集合成束，以
    塗上白膠的莖布捲繞固定。
11. 以塗上白膠的莖布將胸針纏繞於花莖上，並以
    手彎摺花莖＆整理形狀，完成！

紙型

花瓣（大）

3片

花萼（大）

花萼（小）

3片

3片

※花瓣參見紙型的形狀，以鋸齒剪刀修剪邊緣。

花蕊×1片

1cm

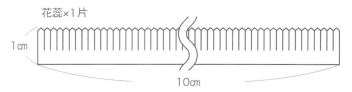

10cm

百日草 >>P.14

完成尺寸：高17.5×寬5cm

❀ 使用的染色材料
・花瓣＆花中心：扶桑花明礬媒染
・花萼＆葉＆莖：咖啡銅媒染
・人造花蕊＆繡線：洋蔥明礬媒染

❀ 材料
毛氈布：花瓣＆花中心／20×10cm
　　　　花萼／3×3cm　葉／5×5cm
床單布：莖／10×10cm（寬7mm斜布條30cm）
人造花蕊：7根
25號繡線（白色）：6cm
鐵絲（＃28）：葉／9cm×4根
　　　　　　　莖／36cm×1根
胸針（2.5cm）：1個

❀ 作法
1.　將毛氈布＆床單布＆繡線染色（參見P.34至P.36）。
2.　以水彩筆將使用於繡線的媒染液，迅速地塗在人造花蕊上。
3.　依紙型裁剪花瓣、花中心、花萼、葉子（以鋸齒剪刀將花萼剪成鋸齒狀）。
4.　以手搓揉花瓣、葉子和花萼，使切口呈現圓潤感。
5.　對摺人造花蕊，固定於鐵絲上（參見P.43）。
6.　將第二小的花瓣（B）塗上白膠，再以放射狀的方式貼上剪成2cm左右的繡線（參見P.43）。
7.　以錐子在花瓣中心處穿孔，將A至E自小花瓣起，依序穿入鐵絲＆分別以白膠黏合（參見P.43）。
8.　將花中心用布平針細縫，拉緊縫線縮皺成球形（參見P.43）。
9.　展開人造花蕊，以白膠黏貼上縮皺成球形的花中心。
10.　在葉子背面塗抹白膠，黏貼9cm的鐵絲。
11.　以塗上白膠的莖布捲繞鐵絲約3cm後，剪斷多餘的莖布。
12.　再次以塗上白膠的莖布重疊纏繞3cm後，加入2片小葉子。接著再纏繞3cm左右，將2片大葉子錯開加入莖布中，纏繞至下方末端。
13.　以錐子在花萼中心處穿孔＆剪出牙口後，以白膠黏貼於花朵背面。
14.　以塗上白膠的莖布，將胸針纏繞固定於花莖上，並以手彎摺花莖＆整理形狀，完成！

繡線

葉（小）

葉（大）

back

胸針

紙型參見 P.70。

55

香豌豆 》P.15

完成尺寸：高19×寬8.5cm

✿ 使用的染色材料

• 花瓣（15×20cm）：黑豆明礬媒染
• 花瓣（15×15cm）：扶桑花萃取液・無媒染
• 花萼＆莖：鹼性萃取瑪黛茶銅媒染

✿ 材料

雪紡棉布：花瓣／15×20cm
　　　　　　 15×15cm

床單布：花萼／15×15cm
　　　　　莖／15×15cm（寬7mm
　　　　　斜布條1m）

鐵絲（＃28）：36cm×8根
胸針（2.5cm）：1個

✿ 作法

1. 將雪紡棉布＆床單布染色（參見P.34至P.36）。
2. 將雪紡棉布＆花萼用床單布上漿（參見P.37）。
3. 依紙型裁剪花瓣＆花萼。
4. 以指腹輕揉，塑型花瓣A・B・C（參見P.44）。
5. 對摺花瓣D，夾入對摺的鐵絲後，以白膠黏合（參見P.44）。
6. 將花瓣根部塗上白膠，大花在步驟5的兩側貼上1片B，再以1片A包覆。
   小花在步驟5的兩側貼上1片C，再以2片B包覆（參見P.44）。
7. 以步驟4至6相同作水製作大花（扶桑花染）1朵、小花（扶桑花染）2朵、大花（黑豆染）3朵、小花（黑豆染）2朵。
8. 將每朵花分別以塗上白膠的莖布捲繞2cm左右。
9. 以白膠將花萼黏貼於花朵背面。
10. 以大花（扶桑花染）1朵・小花（扶桑花染）2朵為1組，大花（黑豆染）3朵・小花（黑豆染）2朵為1組，一邊稍微錯開一邊以塗上白膠的莖布捲繞固定，製作2枝花。
11. 組合2枝花，以塗上白膠的莖布連同胸針一起纏繞固定。再以剪刀修剪花莖末端，並以手彎摺花莖＆整理形狀，完成！

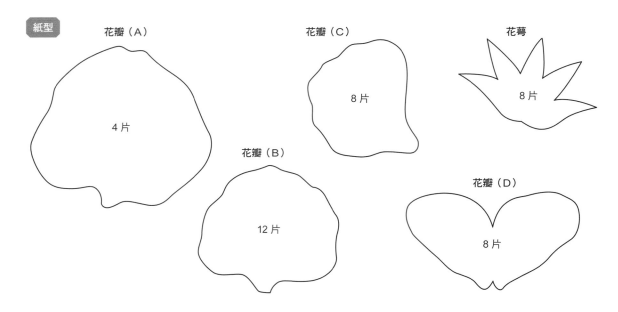

紙型

花瓣（A）　4片

花瓣（C）　8片

花萼　8片

花瓣（B）　12片

花瓣（D）　8片

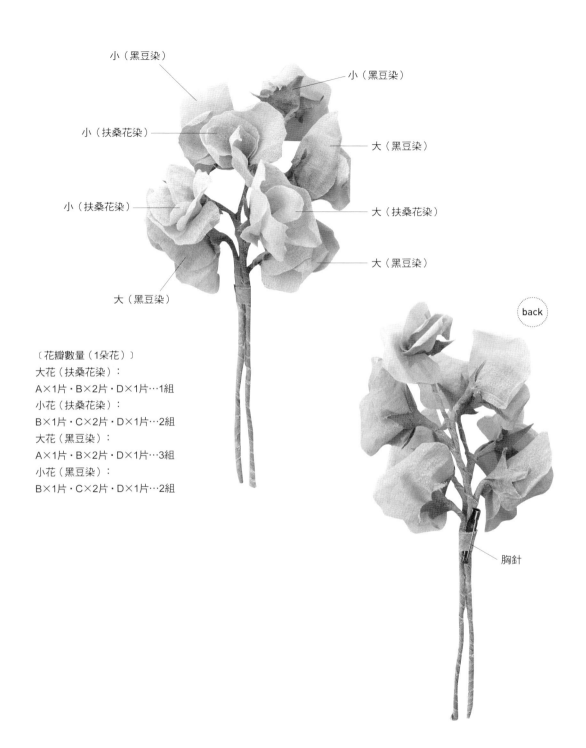

小（黑豆染）

小（黑豆染）

小（扶桑花染）

大（黑豆染）

小（扶桑花染）

大（扶桑花染）

大（黑豆染）

大（黑豆染）

back

〔花瓣數量（1朵花）〕
大花（扶桑花染）：
A×1片・B×2片・D×1片…1組
小花（扶桑花染）：
B×1片・C×2片・D×1片…2組
大花（黑豆染）：
A×1片・B×2片・D×1片…3組
小花（黑豆染）：
B×1片・C×2片・D×1片…2組

胸針

水仙 >> P.16

完成尺寸：高15.5×寬6cm

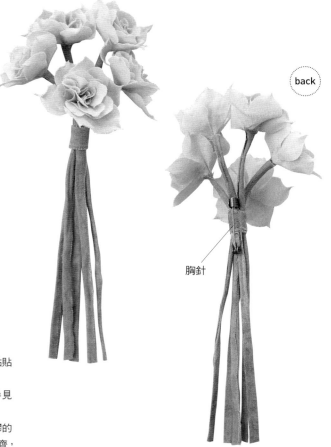

back

❖ 使用的染色材料
- 花瓣A・C（10×15cm）：洋蔥明礬媒染
- 花瓣B・D・E（15×20cm）：迷迭香明礬媒染
- 莖：鹼性萃取瑪黛茶銅媒染

❖ 材料

床單布：花瓣／15×20cm・10×15cm
　　　　莖／1.5×15cm×5片
鐵絲（#28）：18cm×5根
胸針（2.5cm）：1個

❖ 作法

1. 將床單布染色（參見 P.34 至 P.36）。
2. 將床單布上漿（參見 P.37）。
3. 依紙型裁剪花瓣。
4. 將鐵絲對摺，扭轉摺疊處作成小圈狀（參見 P.44）。
5. 以錐子在花瓣中心處穿孔（參見 P.44）。
6. 將花瓣 A 至 E，由小到大依序穿入鐵絲中，並以白膠黏貼固定（參見 P.44）。
7. 將莖布塗上白膠，以三摺邊的方式黏貼包覆鐵絲（參見 P.44）。
8. 以步驟 7 相同作法製作 5 枝，再集合成束，以塗上白膠的莖莖連同胸針一起捲繞固定。花莖末端以剪刀修剪整齊，並以手整理整體形狀，完成！

胸針

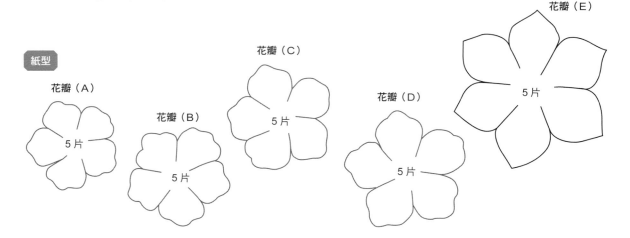

紙型

花瓣（A）
5片

花瓣（B）
5片

花瓣（C）
5片

花瓣（D）
5片

花瓣（E）
5片

三色堇 >>P.17

完成尺寸：高9.5×寬7㎝

✤ 使用的染色材料
・花瓣：黑豆明礬媒染
・花萼&莖：咖啡銅媒染
・人造花蕊：洋蔥萃取液・無媒染

✤ 材料
棉質絨布：花瓣／10×15cm
　　　　　花萼／10×10cm
床單布：莖／14×14cm
　　　　（寬7mm斜布條80cm）
人造花蕊：3根
鐵絲（＃28）：18cm×5根
胸針（2cm）：1個

✤ 作法
1. 將棉質絨布&床單布染色（參見P.34至P.36）。
2. 以水彩筆將人造花蕊迅速地塗上洋蔥萃取液。
3. 將棉質絨布上漿（參見P.37）。
4. 依紙型裁剪花瓣。
5. 將人造花蕊剪半，再以對摺的鐵絲扭固定人造花蕊，作成花蕊（參見P.44）。
6. 以塗上白膠的莖布捲繞鐵絲（參見P.44）。
7. 將花瓣正面相對，在根部塗上白膠，包覆花蕊黏貼於花莖上（參見P.44）。
8. 將花萼穿入花莖，以白膠黏貼固定，再捏合花瓣根部進行塑型。
9. 展開花瓣調整形狀（參見P.44）。
10. 以步驟8相同作法製作5枝。其中1枝花瓣不展開，作成花蕾狀。
11. 將5枝花組合成束，以塗上白膠的莖布連同胸針一同捲繞固定。再以剪刀剪齊花莖末端，並以手彎摺花莖&整理形狀，完成！

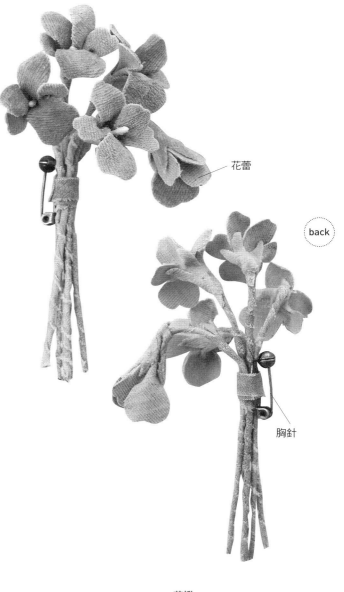

花蕾

back

胸針

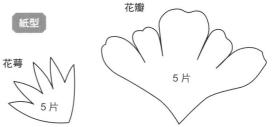

紙型

花萼

5片

花瓣

5片

千日紅 ≫ **P.18**

完成尺寸：高16.5×寬6.5cm

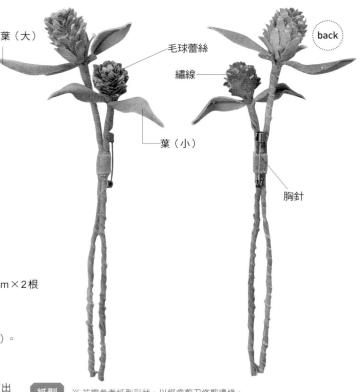

葉（大）
毛球蕾絲
繡線
back
葉（小）
胸針

✤ 使用的染色材料

• 花瓣＆花蕊＆蕊：洋蔥鹼性萃取液・無媒染
• 葉＆莖＆毛球蕾絲：迷迭香銅媒染
• 繡線：洋蔥明礬媒染

✤ 材料

床單布：花瓣＆花蕊＆花蕊基底／10×30cm
　　　　葉／10×10cm
　　　　莖／12×12cm（寬7mm斜布條60cm）
毛球蕾絲（寬8mm）：2cm×2條
25號繡線（白色）：30cm
鐵絲（＃28）：葉／9cm×4根　花蕊＆莖／36cm×2根
胸針（2.5cm）：1個

✤ 作法

1. 將床單布＆毛球蕾絲＆繡線染色（參見P.34至P.36）。
2. 將床單布上漿（參見P.37）。
3. 依紙型裁剪葉子。
4. 裁剪花瓣、花蕊用布、花蕊基底布。並將花瓣剪出牙口＆塗上白膠，一瓣瓣地黏貼上剪至1cm的2股繡線。（參見P.45）。
5. 將毛球蕾絲捲在鐵絲上作成花蕊（參見P.42翠菊）。
6. 捲上塗有白膠的花蕊用布（參見P.45）。
7. 以步驟6相同作法再作1枝，並捲上塗有白膠的花蕊基底布（參見P.45）。
8. 將花瓣塗上白膠，依無繡線花瓣→有繡線花瓣的順序捲繞花蕊（參見P.45）。
9. 將葉子背面塗上白膠，貼上9cm的鐵絲。
10. 將葉子組合於花的下方，以塗上白膠的莖布捲繞固定。
11. 將2枝花組合成束，以塗上白膠的莖布連同胸針一同捲繞固定。再以剪刀剪齊花莖末端，並以手整理形狀，完成！

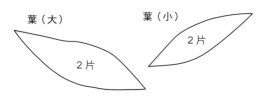

葉（大）　　　　葉（小）
2片　　　　　　2片

紙型　※ 花瓣參考紙型形狀，以鋸齒剪刀修剪邊緣。

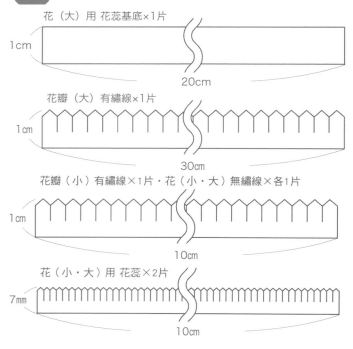

花（大）用 花蕊基底×1片
1cm
20cm

花瓣（大）有繡線×1片
1cm
30cm

花瓣（小）有繡線×1片・花（小・大）無繡線×各1片
1cm
10cm

花（小・大）用 花蕊×2片
7mm
10cm

洋桔梗 　》**P.19**

完成尺寸：高17.5×寬9㎝

紙型參見P.70。

back

胸針

❖ 使用的染色材料

【紫色系】

・花瓣：扶桑花明礬媒染

・花萼＆葉＆莖：鹼性萃取瑪黛茶銅媒染

・人造花蕊：洋蔥萃取液

【粉紅色系】

・花瓣：黑豆明礬媒染

・花萼＆葉＆花莖：鹼性萃取瑪黛茶銅媒染

・人造花蕊：洋蔥萃取液

❖ 材料

雪紡棉布：花瓣／20×30cm

床單布：花萼＆葉／10×10cm

　　　　花莖／12×12cm（寬7mm斜布條50cm）

人造花蕊：10根

鐵絲（＃26）：莖／18cm×1根

鐵絲（＃28）：莖／36cm×2根

胸針（2.5cm）：1個

❖ 作法

1.　將雪紡棉布＆床單布染色（參見P.34至P.36）。

2.　以水彩筆將人造花蕊迅速地塗上洋蔥萃取液。

3.　將雪紡棉布＆床單布上漿（參見P.37）。

4.　依紙型裁剪花瓣、花萼和葉子。

5.　以指腹輕揉，塑型花瓣（參見P.44香豌豆）。

6.　將5根人造花蕊對摺，以鐵絲捲繞固定，作成花蕊（參見P.45）。

7.　將花瓣A的根部塗上白膠，圍繞花蕊黏貼（參見P.45）。

8.　每片各錯開約1cm，依6片花瓣A→6片花瓣B的順序以白膠黏貼（參見P.45）。小花
　　則是將8片花瓣A各錯開約1cm黏貼。

9.　以錐子在花萼中心處穿孔，將塗有白膠的花萼穿入鐵絲，並以手指捏合塑型（參見
　　P.45）。

10.　以兩片葉子包夾鐵絲，並以白膠貼合。

11.　在小花的鐵絲上以塗上白膠的莖布纏繞約3cm後，加入葉子再次捲繞10cm左右。

12.　在大花的鐵絲上以塗上白膠的莖布纏繞約7cm後，加入小花以莖布一起纏繞至下
　　方末端。

13.　以塗上白膠的莖布，將胸針纏繞固定於花莖上，再以手整理形狀，完成！

油菜花 >> P.20

完成尺寸：高15.5×寬4.5cm

back

❖ 使用的染色材料
- 花瓣＆花蕾＆人造花蕊：洋蔥明礬媒染
- 毛球蕾絲：迷迭香銅媒染
- 葉子＆莖：鹼性萃取瑪黛茶銅媒染

❖ 材料
毛氈布：花瓣／5×10cm　葉／5×5cm
床單布：花蕾／3×7cm
　　　　莖／12×12cm（寬7mm斜布條50cm）
毛球蕾絲（寬8mm）：5cm
毛球蕾絲（寬1cm）：7cm
人造花蕊：16根
人造花蕊（大）：花蕾／3根
鐵絲（＃28）：葉／9cm×1根　莖／36cm×1根
胸針（2.5cm）：1個

❖ 作法
1. 將毛氈布＆床單布染色（參見P.34至P.36）。
2. 以水彩筆將人造花蕊迅速地塗上花瓣＆花蕾用的媒染液。
3. 將床單布上漿（參見P.37）。
4. 依紙型裁剪花瓣、花蕾和葉子。
5. 以手搓揉花瓣，使切口呈現圓潤感。
6. 將鐵絲捲繞上寬8mm的毛球蕾絲（參見P.45）。
7. 再次捲繞上寬1cm的毛球蕾絲，製作花蕊。
8. 對摺人造花蕊（大），以塗上白膠的花蕾用布包圍黏合（參見P.45）。
9. 以錐子在花瓣中心處穿孔，穿入對摺的人造花蕊，並以白膠黏貼固定（參見P.45）。
10. 在葉子背面塗上白膠，黏貼上鐵絲。
11. 依花蕊→花蕾→花瓣（小）→花瓣（大）的順序，一邊以塗上白膠的莖布捲繞，一邊組合成圓形花束狀（參見P.45）。
12. 重新自花莖上方開始捲繞塗有白膠的莖布，纏繞至4cm左右時加入葉子，再繼續捲繞至下方末端。
13. 以塗上白膠的莖布將胸針捲繞固定於花莖上，再以手彎摺花莖＆整理形狀，完成！

胸針

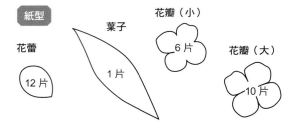

紙型

花蕾　　　葉子　　　花瓣（小）

12片　　　1片　　　6片

花瓣（大）

10片

薔薇 >> P.21

完成尺寸：高12×寬12cm

✤ 使用的染色材料

【紫色系】

· 花瓣：黑豆明礬媒染
· 花萼＆莖＆葉：咖啡銅媒染
· 人造花蕊：洋蔥萃取液・無媒染

【紅色系】

· 花瓣：洋蔥鹼性萃取液・無媒染
· 花萼＆葉＆花莖：洋蔥鐵媒染
· 人造花蕊：洋蔥萃取液・無媒染

✤ 材料

床單布：花瓣／20×30cm　葉／5×10cm
　　　　莖／10×10cm（寬7mm斜布條30cm）
棉質絨布：花萼＆葉／10×10cm
人造花蕊：10根
鐵絲（＃26）：花蕊＆莖／36cm×1根
鐵絲（＃28）：葉／18cm×2根
胸針（2.5cm）：1個

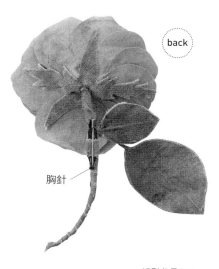

back

胸針

✤ 作法

1. 將床單布＆棉質絨布染色（參見P.34至P.36）。
2. 以水彩筆將人造花蕊迅速地塗上洋蔥萃取液。
3. 將床單布＆棉質絨布上漿（參見P.37）。
4. 依紙型裁剪花瓣、花萼和葉子。
5. 以指腹輕揉，塑型花瓣（參見P.44香豌豆）。
6. 對摺10根人造花蕊，以鐵絲捲繞固定，製作花蕊（參見P.43百日草）。
7. 將每片小花瓣對摺＆錯開疊合後，在根部縮縫作成圓形（參見P.46）。取18片中花瓣也以相同作法再作一朵花。
8. 依小→大的順序，將花蕊穿入鐵絲，並分別以白膠黏貼固定（參見P.46）。
9. 將剩餘的中花瓣根部塗上白膠，一片片地交錯黏貼。大花瓣也以相同方式黏貼（參見P.46）。
10. 以錐子在花萼中心處穿孔＆穿入鐵絲，再以白膠黏貼於花朵背面。
11. 以葉子包夾鐵絲＆以白膠貼合（葉子正面使用棉質絨布・背面使用床單布），再以錐子畫出紋路（參見P.41・步驟22）。
12. 以塗上白膠的莖布捲繞莖部。纏繞大葉子的莖部約3cm之後，加入小葉子，再繼續纏繞至下方末端，將所有花莖組合成1枝。
13. 以塗上白膠的莖布將胸針捲繞固定於花莖上，再以手彎摺花莖＆整理形狀，完成！

紙型參見P.71。

火龍果 » P.22

完成尺寸：高10.5×寬7 cm

❖ 使用的染色材料

• 果實＆花萼＆葉＆莖：咖啡銅媒染

❖ 材料

毛線（極細）：果實／4m
毛氈布：花萼／10×10cm
棉質絨布：葉（正面）／5×10cm
床單布：葉（背面）／5×10cm
　　　　莖／12×12cm（寬7mm斜布條60cm）
木珠（直徑8×10mm）：7個
鐵絲（#28）：葉／9cm×2根
　　　　　　莖／18cm×7根
胸針（2cm）：1個

❖ 作法

1. 將毛線＆毛氈布＆棉質絨布＆被單布染色（參見P.34至
   P.36）。
2. 將棉質絨布＆葉用床單布上漿（參見P.37）。
3. 依紙型裁剪花萼＆葉子（葉子正面使用棉質絨布・背面使
   用床單布）。
4. 以手搓揉花萼，使切口呈現圓潤感
5. 將縫線穿入縫針，再將針穿入木珠中纏繞木珠。纏繞完畢
   後，剪去多餘縫線製作果實（參見P.46）。
6. 以錐子在果實上穿孔，並穿入對摺的鐵絲（參見P.46）。
7. 以錐子在花萼中心處穿孔＆穿入鐵絲，再以白膠黏貼於果
   實下方。
8. 以塗上白膠的莖布纏繞鐵絲約3cm左右。
9. 將果實以3枝1組×1・2枝1組×2的方式組合，分別自
   花萼下方約2cm處，以塗上白膠的莖布捲繞固定（參見
   P.46）。
10. 以葉子包夾鐵絲＆以白膠黏合，再以錐子畫出紋路（參見
    P.41・步驟22）。
11. 組合3組果實＆葉子，以塗上白膠的莖布捲繞下方末端。
12. 以塗上白膠的莖布將胸針捲繞固定於花莖上，再以手彎摺
    花莖＆整理形狀，完成！

back

胸針

紙型

花萼

7片

葉子

4片分

素心蘭 >>P.23

完成尺寸：高13×寬9cm

✤ 使用的染色材料
・花瓣＆花蕾：迷迭香明礬媒染
・花萼＆莖：迷迭香銅媒染
・人造花蕊：洋蔥萃取液・無媒染

✤ 材料

棉質絨布：花瓣＆花蕾／10×15cm
　　　　　花萼／5×7cm
床單布：莖／12×12cm（寬7mm斜布條50cm）
人造花蕊：18根
鐵絲（＃28）：莖／18cm×5根・36cm×1根
胸針（2cm）：1個

✤ 作法

1. 將棉質絨布＆床單布染色（參見P.34至P.36）。
2. 以水彩筆將人造花蕊迅速地塗上洋蔥萃取液。
3. 將棉質絨布上漿（參見P.37）。
4. 將花蕾用布塗上大量白膠，包覆對摺的鐵絲，再
   將花萼塗上白膠與花蕾黏合（參見P.46）。
5. 以相同作法再製作2枝（1枝稍微展開花萼，另1枝
   則展開花萼）。
6. 以鐵絲捲繞固定6根人造花蕊後，將2片花瓣根部
   塗上白膠包覆人造花蕊，再將花萼塗上白膠黏合
   於花朵上（參見P.46）。
7. 以步驟6相同作法製作2枝1片花瓣的花（1枝稍微
   打開花瓣，另1枝以白膠黏貼閉合花瓣）。
8. 自花蕾起，依序稍微交錯配置，並以塗上白膠的
   莖布捲繞固定（參見P.46）。
9. 以塗上白膠的莖布將胸針捲繞固定於花莖上，再
   以手彎摺花莖＆整理形狀，完成！

1片花瓣（稍微展開）
1片花瓣（以白膠黏貼閉合）
花蕾（展開花萼）
花瓣 2片
花蕾（稍微展開花萼）
胸針
花蕾（使用長鐵絲。閉合花萼）

紙型

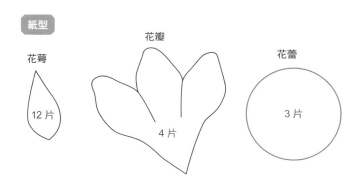

花萼　12片

花瓣　4片

花蕾　3片

65

法國萬壽菊 >> P.24

完成尺寸：高16×寬5cm

✤ 使用的染色材料

【黃色系】
• 花瓣＆花蕊＆毛球蕾絲：洋蔥明礬媒染
• 花萼＆莖：迷迭香銅媒染

【橘色系】
• 花瓣＆花蕊＆毛球蕾絲：洋蔥明礬媒染
• 花萼＆莖：迷迭香銅媒染

✤ 材料

雪紡棉布：花瓣／15×30cm
床單布：花蕊／1.5×20cm
　　　　莖／10×10cm（寬7mm斜布條30cm）
棉質絨布：花萼／5×7cm
毛球蕾絲（寬0.8cm）：5cm
鐵絲（#26）：莖／36cm×1根
胸針（2cm）：1個

✤ 作法

1. 將雪紡棉布＆床單布＆棉質絨布＆毛球蕾絲染色（參見P.34至P.36）。
2. 將雪紡棉布＆床單布＆棉質絨布上漿（參見P.37）。
3. 依紙型裁剪花瓣＆花萼。
4. 將花蕊用布剪至1.5×20cm後，剪出牙口（參見P.42翠菊）。
5. 將毛球蕾絲纏繞在鐵絲上，製作花粉（參見P.47）。
6. 以塗上白膠的花蕊用布纏繞花粉（參見P.47）。
7. 對摺每片花瓣，並在根部進行縮縫（參見P.43洋甘菊）。以相同方式作出2個不同的大小。
8. 將花瓣由小至大依序穿入鐵絲，並分別以白膠黏貼固定（參見P.47）。
9. 以塗上白膠的莖布纏繞鐵絲。
10. 將花萼塗上白膠，包覆花朵根部黏貼固定。
11. 以塗上白膠的莖布將胸針捲繞固定於花莖上，再以手整理形狀，完成！

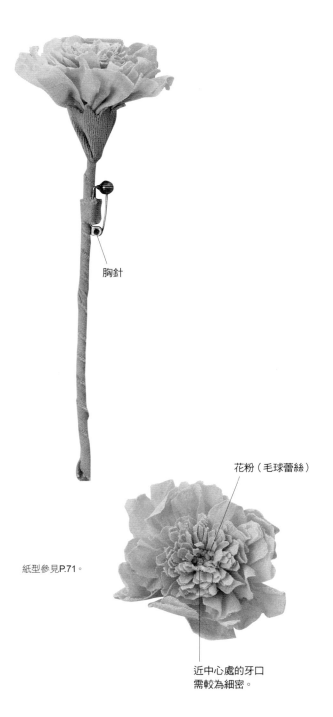

胸針

花粉（毛球蕾絲）

紙型參見P.71。

近中心處的牙口需較為細密。

矢車菊 » P.25

完成尺寸：高11×寬5cm

❁ 使用的染色材料
- 花瓣（粉紅色）&花蕊：黑豆明礬媒染
- 花瓣（藍色）：黑豆鐵媒染
- 花瓣（水藍色）：黑豆銅媒染
- 葉&花萼&莖：迷迭香銅媒染

❁ 材料

床單布：花瓣／15×10cm×3片
　　　　花萼／4×10cm
　　　　莖／12×12cm（寬7mm斜布條60cm）
棉質絨布：葉子／5×7cm
25號繡線（白色）：12cm×3條
鐵絲（#26）：葉／9cm×6根
　　　　　　　莖／18cm×3根
胸針（2.5cm）：1個

❁ 作法

1. 將床單布&棉質絨布&繡線染色（參見P.34至P.36）。
2. 將床單布&棉質絨布上漿（參見P.37）。
3. 依紙型裁剪花瓣&葉子&花萼（花萼以鋸齒剪刀剪成鋸齒狀）。
4. 將4條裁剪成3cm的6股繡線，以對摺的鐵絲扭轉3cm左右固定，製作花蕊（參見P.47）。
5. 將花瓣邊緣塗上白膠，左右內摺對合（參見P.47）。共製作10片。
6. 將花瓣根部塗上白膠，稍微相互錯開地黏貼於花蕊四周（參見P.47）。
7. 以錐子在花萼中心處穿孔，穿入鐵絲&以白膠黏貼固定，再以手指捏出形狀。
8. 在葉子背面塗上白膠，黏貼鐵絲。
9. 將步驟7的鐵絲纏繞上塗有白膠的莖布約1.5m，再加入葉子繼續纏繞至下方末端。
10. 以步驟9相同作法製作3枝，再以塗上白膠的莖布連同胸針一起捲繞固定，並以手調整整體形狀，完成！

back

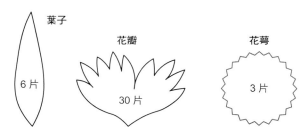

胸針

紙型

葉子

6片

花瓣

30片

花萼

3片

67

尤加利 >> P.26

完成尺寸：高13×寬6.5cm

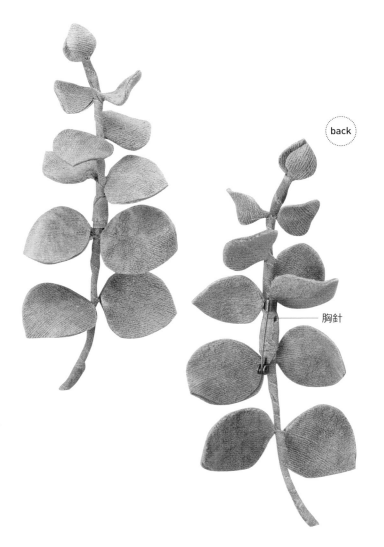

back

胸針

✤ 使用的染色材料

• 葉子：鹼性萃取瑪黛茶銅媒染
• 莖：咖啡鐵媒染

✤ 材料

棉質絨布：葉／15×15cm
床單布：莖／12×12cm
　　　　（寬7mm 斜布條50cm）
鐵絲（#28）：葉／9cm×12根
　　　　　　　莖／36cm×1根
胸針（2.5cm）：1個

✤ 作法

1. 將棉質絨布＆床單布染色（參見P.34至
　 P.36）。
2. 將棉質絨布上漿（參見P.37）。
3. 依紙型裁剪葉子。
4. 以葉子包夾鐵絲，並以白膠黏合。
5. 對摺36cm鐵絲，從摺疊處起捲上塗有白
　 膠的莖布約1cm，再加入葉子A至F，由小
　 到大依序以莖布纏繞固定。
6. 將頂端葉子收攏成圓形。
7. 以塗上白膠的莖布將胸針纏繞在花莖上。
　 以手將葉子形狀整理成交錯狀，完成！

紙型　各4片

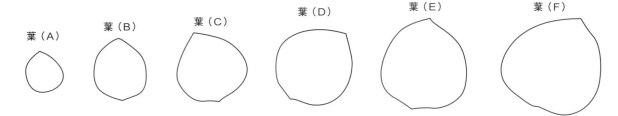

葉（A）　　葉（B）　　葉（C）　　葉（D）　　葉（E）　　葉（F）

紫丁香 ≫ P.27

完成尺寸：高15.5×寬8㎝

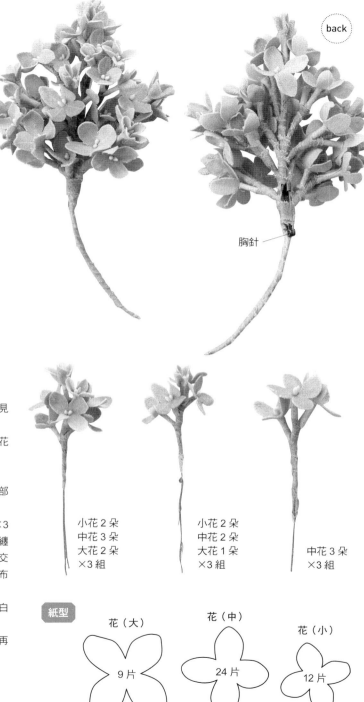

back

✿ 使用的染色材料
・花瓣&花莖：扶桑花明礬媒染
・莖：咖啡鐵媒染
・人造花蕊：洋蔥萃取液

✿ 材料
棉質絨布：花瓣／17×20cm
床單布：花莖／10×15cm
　　　　莖／15×15cm（寬7mm斜布條1m）
人造花蕊：45根
鐵絲（＃28）：葉／18cm×8根
　　　　　　　頂端花朵／36cm×1根
胸針（2.5cm）：1個

✿ 作法
1. 　將棉質絨布&床單布染色（參見P.34至P.36）。
2. 　以水彩筆將人造花蕊迅速地塗上洋蔥萃取液。
3. 　將棉質絨布&床單布上漿（參見P.37）。
4. 　依紙型裁剪花瓣。
5. 　以錐子在花瓣中心處穿孔，畫出十字紋路（參見P.41之步驟22）。
6. 　將對摺的人造花蕊，小的從花瓣背面、中&大從花瓣正面穿入（參見P.47）。
7. 　將小花瓣塗上白膠，捏合花瓣，製作花蕾。
8. 　將花莖用布剪至寬1cm&塗上白膠，纏繞花朵根部約3cm左右（參見P.47）。
9. 　將花分成小2・中3・大2×3組、小2・中2・大1×3組、中3×3組。各組分別以18cm的鐵絲對摺後纏繞單花（頂端花朵使用36cm鐵絲），讓花相互交錯配置（花的順序依喜好），並以塗上白膠的莖布捲繞固定（參見P.47）。
10. 一邊將步驟9的花略微錯開配置，一面邊以塗上白膠的莖布纏繞固定。
11. 以塗上白膠的莖布將胸針捲繞固定於花莖上，再以手彎摺花莖&整理形狀，完成！

胸針

小花 2 朵
中花 3 朵
大花 2 朵
×3 組

小花 2 朵
中花 2 朵
大花 1 朵
×3 組

中花 3 朵
×3 組

紙型

花（大）

9片

花（中）

24片

花（小）

12片

百日草（作法參見 P.55）

（作法參見 P.55）

紙型

葉（小）
2片

葉（大）
2片

花中心
1片

花瓣（A）
1片

花瓣（B）
1片

花瓣（D）
1片

花瓣（E）
1片

花瓣（C）
1片

花萼
1片

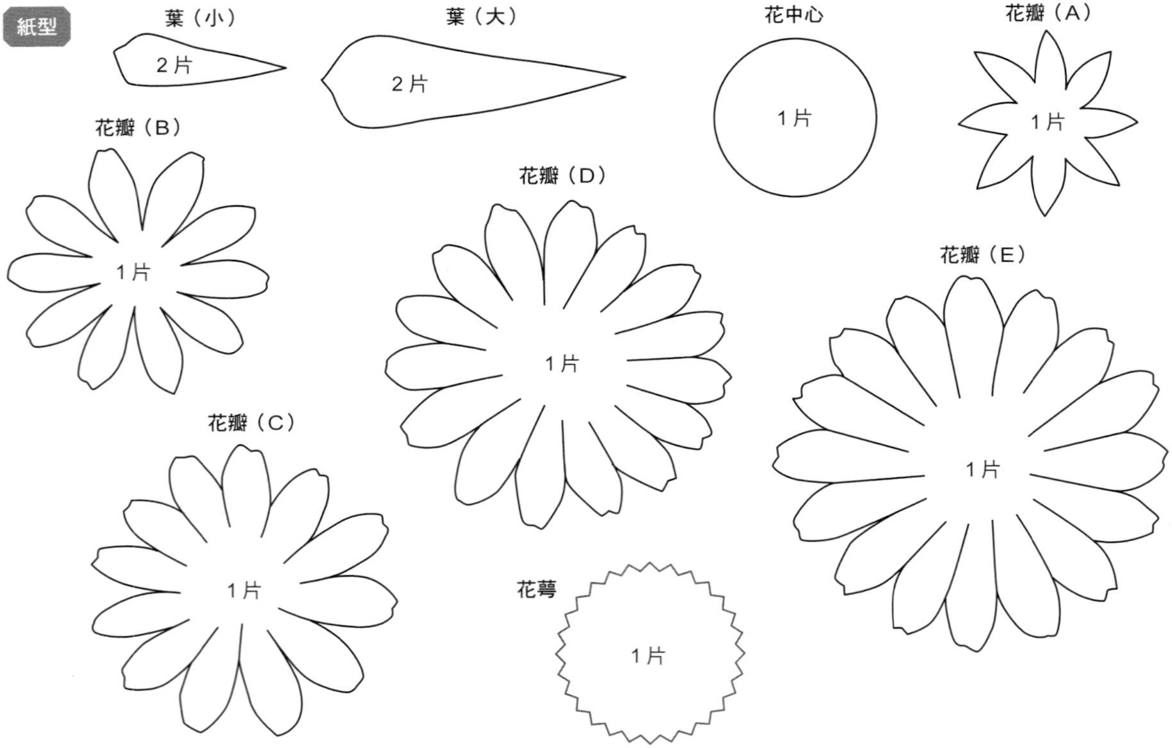

洋桔梗（作法參見 P.61）

（作法參見 P.61）

紙型

花瓣（A）
14片

花瓣（B）
6片

花萼
2片

葉
2片

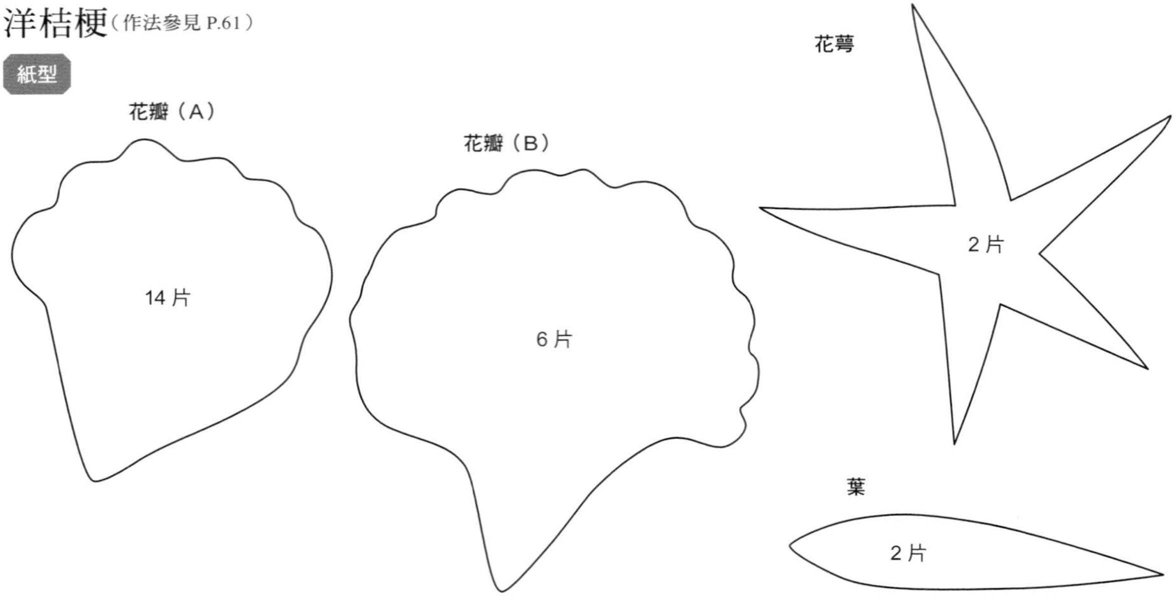

薔薇（作法は P.63）

`紙型`

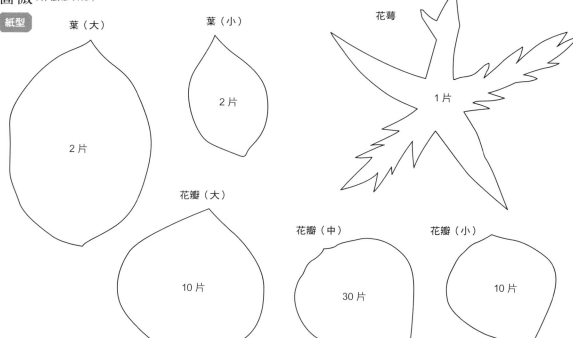

葉（大）
2 片

葉（小）
2 片

花萼
1 片

花瓣（大）
10 片

花瓣（中）
30 片

花瓣（小）
10 片

法國萬壽菊（作法參見 P.66）

`紙型`

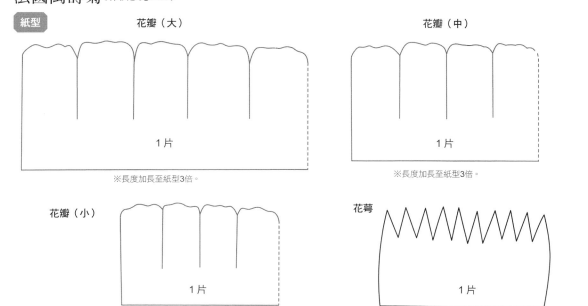

花瓣（大）
1 片
※長度加長至紙型3倍。

花瓣（中）
1 片
※長度加長至紙型3倍。

花瓣（小）
1 片
※長度加長至紙型3倍。

花萼
1 片

藍色花項鍊 >> P.28

完成尺寸：高10×寬22cm（布花部分）

✿ 材料

絨布緞帶（寬0.6cm）：60cm×2條
各花材料
莖布
※參見染色材料的色樣（P.38），依喜好選擇。

✿ 作法

1. 將絨布緞帶以黑豆鐵媒染染色（參見P.34至P.36）。
2. 製作繡球花2組（參見P.49）、橄欖葉3組（參見P.51）、滿天星3組（參見P.52）、火龍果3組（參見P.64）、紫丁香（參見P.69）。
3. 以塗上白膠的莖布，依序一邊彎曲鐵絲一邊連接花朵。
4. 將鐵絲兩端作成環狀，穿入緞帶後以白膠黏貼緞帶兩端切邊，完成！

滿天星
火龍果
橄欖
紫丁香
繡球花
繡球花
紫丁香
火龍果
滿天星
橄欖
滿天星
火龍果

back

以白膠黏貼。
作成環狀。

72

採花項鍊 ≫P.28

完成尺寸：高4×寬60cm（布花部分）
各花材料

✤ 材料

蕾絲緞帶（寬0.6cm）：1.5m
各花材料
※參見染色材料的色樣（P.38），依喜好選用。

✤ 作法

1. 將蕾絲緞帶以咖啡鐵媒染染色（參見P.34至P.36）。

2. 製作香豌豆3組（參見P.56至P.57）、素心蘭3組（參見P.65）、小法國萬壽菊2組（參見P.66，僅使用花瓣（小）的紙型）、矢車菊2組（參見P.67）。

3. 以蕾絲緞帶在花莖上捲繞2圈，打結固定即完成（間距約6cm，依喜好順序排列）。

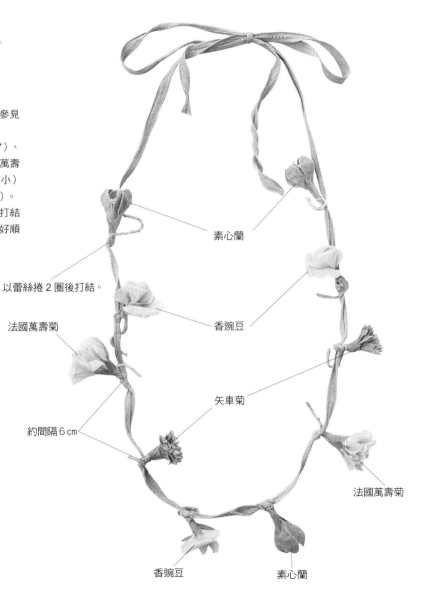

素心蘭

以蕾絲捲2圈後打結。

法國萬壽菊

香豌豆

矢車菊

約間隔6cm

法國萬壽菊

香豌豆   素心蘭

絨布緞帶髮夾　>> P.29

完成尺寸：高5.5×寬10cm（布花部分）

✤ 材料

絨布緞帶（寬2.4cm）：30cm×3條
　　　　　　　　　　　7cm×1條

自動髮夾（8cm）：1個
各花材料

※參見染色材料的色樣（P.38），依喜好選用。

✤ 作法

1. 將絨布緞帶以黑豆鐵媒染染色（參見 P.34 至 P.36）。
2. 製作火龍果 1 組（參見 P.64）、尤加利葉 1 枝（參見 P.68）。
3. 將 3 條 30cm 的緞帶作成環狀，搭配上火龍果＆尤加利，以塗上白膠的 7cm 緞帶捲繞固定。
4. 在後側縫上自動髮夾，完成！

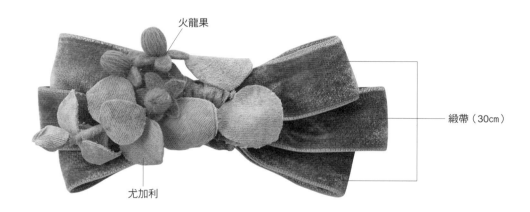

火龍果

尤加利

緞帶（30cm）

back

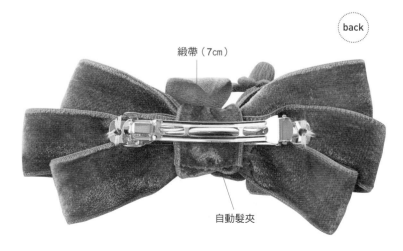

緞帶（7cm）

自動髮夾

小花束胸花 »P.30

完成尺寸：高12×寬8.5cm（布花部分）

✤ 材料

絨布緞帶（寬1.8cm）：50cm
胸針（2.5cm）：1個
各花材料
莖布
※參見染色材料的色樣（P.38），依喜好選用。

✤ 作法

1. 將絨布緞帶以洋蔥明礬鐵媒染染色（參見P.34至P.36）。
2. 製作橄欖1枝（參見P.51）、滿天星3組（參見P.52）、洋甘菊6枝（參見P.53）。
3. 組合所有布花，以塗上白膠的莖布連同胸針一起捲繞固定。
4. 以緞帶在花莖上打蝴蝶結，完成！

洋甘菊
橄欖
滿天星
back
胸針

75

尤加利花圈胸花 >> P.30

完成尺寸：高13.5×寬7.5cm

❖ 材料

胸針（2.5cm）：1個

各花材料

莖布

※參見染色材料的色樣（P.38），依喜好選用。

❖ 作法

1. 製作三色菫1組（參見P.59）、千日紅（大）2枝（參見P.60）、洋桔梗（小）2枝（參見P.61）、尤加利2枝（參見P.68）。

2. 以塗上白膠的莖布將1枝尤加利捲上花朵，再將另1枝尤加利朝下以莖布捲繞固定。

3. 以塗上白膠的莖布將胸針纏繞於花莖上，完成！

尤加利

三色菫

千日紅

洋桔梗

尤加利

back

胸針

百日草髮圈 » P.29

完成尺寸：直徑5cm（布花部分）

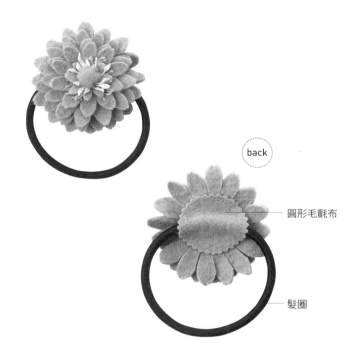

back

圓形毛氈布

髮圈

✤ 材料

髮圈：1條
百日草材料
毛氈布
※參見染色材料的色樣（P.38），依喜好選用。

✤ 作法

1. 製作百日草花（參見 P.55）。
2. 從花朵根部剪斷鐵絲後，將花朵背面塗上白膠黏貼髮圈。
3. 將毛氈布剪成直徑 2.5cm 的圓形，並以鋸齒剪刀修剪邊緣。
4. 將步驟 2 貼上塗有白膠的步驟 3，完成！

素心蘭針式耳環 » P.31

完成尺寸：5至5.5×寬2.5至3.5cm（布花部分）

針式耳環

單圈

單圈

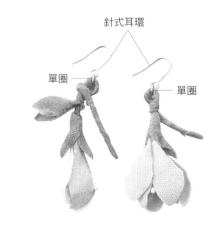

✤ 材料

針式耳環：1組
單圈（直徑5mm）：2個
素心蘭材料
莖布
※參見染色材料的色樣（P.38），依喜好使用。

✤ 作法

1. 製作素心蘭3朵（花蕾1朵、1片花瓣1朵、2片花瓣1朵，參見P.65）。
2. 組合花蕾＆1片花瓣的花，以塗上白膠的莖布捲繞固定。另一朵2片花瓣的花也以塗上白膠的莖布捲繞花莖。
3. 將2枝花的花莖扭轉成環狀。
4. 以單圈連接花莖環＆針式耳環，完成！

波斯菊針式耳環 >> P.31

完成尺寸：高2.5×寬2.5cm

✤ 材料

針式耳環：1組
波斯菊材料
※參見染色材料的色樣（P.38），依喜好選用。

✤ 作法

1. 將紙型縮小至60%，重疊2片花瓣，製作2
   朵波斯菊（參見P.54）。
2. 將花萼剪成直徑2.5cm的圓形，並以鋸齒
   剪刀修剪邊緣。
3. 將針式耳環穿入花萼中心，以白膠黏貼於
   花朵背面。
4. 裝上耳環後釦，完成！

back

針式耳環

翠菊×
火龍果針式耳環 >> P.31

完成尺寸：高6×寬4cm（布花部分）

翠菊

火龍果

✤ 材料

針式耳環：1組
各花材料
毛氈布
※參見染色材料的色樣（P.38），依喜好選用。

✤ 作法

1. 分別製作翠菊（參見P.50）＆火龍果果實
   （參見P.64）各2個。
2. 將毛氈布裁剪成1.5cm的圓形。
3. 在步驟2的中心穿入針式耳環＆夾入火龍
   果，並以白膠黏貼於翠菊背面。
4. 裝上耳環後釦，完成！

back

針式耳環

圓形毛氈布

水仙花針式耳環 » P.31

完成尺寸：高3.5×寬3.5㎝（布花部分）

✤ 材料

針式耳環：1組
耳環後釦：1組
棉珍珠（直徑12mm）：2個
水仙花材料
※參見染色材料的色樣（P.38），依喜好選用。

✤ 作法

1. 製作2朵水仙花（參見P.58）。
2. 將花萼剪成直徑2.5㎝的圓形，並以鋸齒剪刀修剪邊緣。
3. 以針式耳環穿入花萼中心，並以白膠黏貼於花朵背面。
4. 以白膠將耳環後釦黏貼上棉珍珠。
5. 裝上耳環後釦，完成！

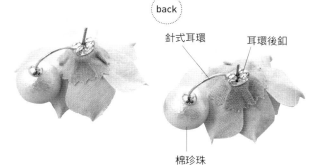

back

針式耳環

耳環後釦

棉珍珠

紫丁香 ×
滿天星夾式耳環 » P.31

完成尺寸：高6×寬4cm・高5cm×寬3cm（布花部分）

夾式耳環

滿天星

紫丁香

✤ 材料

夾式耳環配件：1組
單圈（直徑5mm）：2個
各花材料
莖布
※參見染色材料的色樣（P.38），依喜好使用。

✤ 作法

1. 製作滿天星花2組（參見P.52）、紫丁香花2組（參見P.69）。
2. 以塗上白膠的莖布捲繞紫丁香＆滿天星的莖，並將末端作成環狀。
3. 以單圈連接莖環＆夾式耳環，完成！

back

單圈

【Fun手作】129

布花圖鑑

作　　　者／Veriteco
譯　　　者／周欣芃
發 行 人／詹慶和
總 編 輯／蔡麗玲
執行編輯／陳姿伶
編　　　輯／蔡毓玲・劉蕙寧・黃璟安・李宛真・陳昕儀
執行美編／陳麗娜
美術編輯／周盈汝・韓欣恬
出 版 者／雅書堂文化事業有限公司
發 行 者／雅書堂文化事業有限公司
郵政劃撥帳號／18225950
戶　　　名／雅書堂文化事業有限公司
地　　　址／新北市板橋區板新路206號3樓
電　　　話／（02）8952-4078
傳　　　真／（02）8952-4084
網　　　址／www.elegantbooks.com.tw
電子郵件／elegant.books@msa.hinet.net

2018年10月初版一刷　定價 380 元

NUNOHANA ZUKAN
Copyright © BUNKA GAKUEN BUNKA PUBLISHING BUREAU 2016
All rights reserved.
Original Japanese edition published in Japan by EDUCATIONAL FOUNDATION
BUNKA GAKUEN BUNKA PUBLISHING BUREAU.
Chinese (in complex character) translation rights arranged with
EDUCATIONAL FOUNDATION BUNKA GAKUEN BUNKA PUBLISHING
BUREAU
through KEIO CULTURAL ENTERPRISE CO., LTD.

經銷／易可數位行銷股份有限公司
地址／新北市新店區寶橋路235巷6弄3號5樓
電話／(02)8911-0825
傳真／(02)8911-0801

國家圖書館出版品預行編目資料

布花圖鑑 / Veriteco著；周欣芃譯.
-- 初版. -- 新北市：雅書堂文化, 2018.10
　面；　公分. -- (FUN手作；129)
譯自：布花図鑑
ISBN 978-986-302-454-5(平裝)

1.花飾 2.手工藝

426.77　　　　　　　　　　107016181

PROFILE

Veriteco
設計師　　山代真理子

出生於栃木縣，在東京生活20年，於2015
年遷居至香川縣的豐島。在小小的島上享
受接近大自然的生活，並持續發展正統的
草木染創作。
http://veriteco.com/

STAFF

日文版發行人	大沼 淳
設計・製作	山代真理子
攝影	福井裕子
造型配置	露木 藍（Studio Dunk）
書籍排版	山田素子・菅沼祥平（Studio Dunk）
紙型描圖	和田七瀨
編輯・記錄	鞍田惠子
編輯	吉岡奈美（Fig inc.）
	平山伸子（文化出版局）
攝影協力	AWABEES
	UTUWA
製作協力	淺田美樹雄
材料協力	藍熊染料株式会社
	http://www.aikuma.co.jp